U0591175

科学成果展台

李 奎 编著 丛书主编 周丽霞

太空：太空试验的步伐

汕头大学出版社

图书在版编目（CIP）数据

太空：太空试验的步伐 / 李奎编著. -- 汕头 ：汕
头大学出版社，2015.3 （2020.1重印）
　　（学科学魅力大探索 / 周丽霞主编）
　　ISBN 978-7-5658-1694-9

Ⅰ．①太… Ⅱ．①李… Ⅲ．①宇宙－青少年读物
Ⅳ．①P159-49

中国版本图书馆CIP数据核字(2015)第027446号

太空：太空试验的步伐　　　TAIKONG：TAIKONG SHIYAN DE BUFA

编　　著：李　奎
丛书主编：周丽霞
责任编辑：邹　峰
封面设计：大华文苑
责任技编：黄东生
出版发行：汕头大学出版社
　　　　　广东省汕头市大学路243号汕头大学校园内　邮政编码：515063
电　　话：0754-82904613
印　　刷：三河市燕春印务有限公司
开　　本：700mm×1000mm 1/16
印　　张：7
字　　数：50千字
版　　次：2015年3月第1版
印　　次：2020年1月第2次印刷
定　　价：29.80元
ISBN 978-7-5658-1694-9

前　言

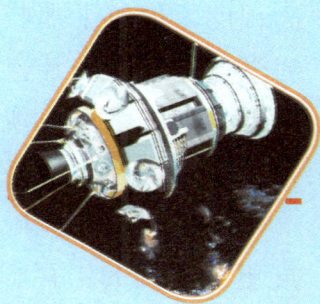

　　科学是人类进步的第一推动力，而科学知识的学习则是实现这一推动的必由之路。在新的时代，社会的进步、科技的发展、人们生活水平的不断提高，为我们青少年的科学素质培养提供了新的契机。抓住这个契机，大力推广科学知识，传播科学精神，提高青少年的科学水平，是我们全社会的重要课题。

　　科学教育与学习，能够让广大青少年树立这样一个牢固的信念：科学总是在寻求、发现和了解世界的新现象，研究和掌握新规律，它是创造性的，它又是在不懈地追求真理，需要我们不断地努力探索。在未知的及已知的领域重新发现，才能创造崭新的天地，才能不断推进人类文明向前发展，才能从必然王国走向自由王国。

　　但是，我们生存世界的奥秘，几乎是无穷无尽，从太空到地球，从宇宙到海洋，真是无奇不有，怪事迭起，奥妙无穷，神秘莫测，许许多多的难解之谜简直不可思议，使我们对自己的生命现象和生存环境捉摸不透。破解这些谜团，有助于我们人类社会向更高层次不断迈进。

其实，宇宙世界的丰富多彩与无限魅力就在于那许许多多的难解之谜，使我们不得不密切关注和发出疑问。我们总是不断去认识它、探索它。虽然今天科学技术的发展日新月异，达到了很高程度，但对于那些奥秘还是难以圆满解答。尽管经过许许多多科学先驱不断奋斗，一个个奥秘不断解开，并推进了科学技术大发展，但随之又发现了许多新的奥秘，又不得不向新的问题发起挑战。

宇宙世界是无限的，科学探索也是无限的，我们只有不断拓展更加广阔的生存空间，破解更多奥秘现象，才能使之造福于我们人类，人类社会才能不断获得发展。

为了普及科学知识，激励广大青少年认识和探索宇宙世界的无穷奥妙，根据最新研究成果，特别编辑了这套《学科学魅力大探索》，主要包括真相研究、破译密码、科学成果、科技历史、地理发现等内容，具有很强系统性、科学性、可读性和新奇性。

本套作品知识全面、内容精炼、图文并茂，形象生动，能够培养我们的科学兴趣和爱好，达到普及科学知识的目的，具有很强的可读性、启发性和知识性，是我们广大青少年读者了解科技、增长知识、开阔视野、提高素质、激发探索和启迪智慧的良好科普读物。

目 录

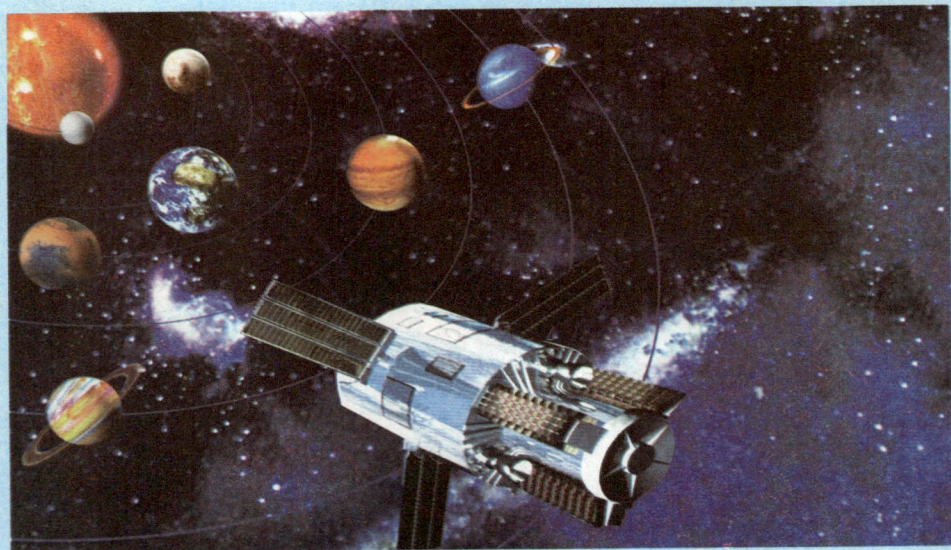

活跃的太阳日珥

人类早期的观测

太阳与人类的关系最密切，它本身有着数不清的谜，日珥之谜就是其中的一个。发生日全食时，人们可以清楚地看到，在色球层中不时有巨大的气柱腾空而起，像一个个鲜红的火舌，这就是日珥。

1239年，天文学家在观测日全食时就观测到了日珥，并称其为"燃烧洞"；1733年观测日珥时，将其称作"红火焰"；1824年观测日珥时，日珥又被想象成太阳上的山脉。

1842年7月8日日全食的观测留下了最早的、明确的日珥观测记录。1860年7月18日日全食时拍摄下日珥的照片。1868年8月18日日全食时拍到日珥的光谱，确定日珥的主要成分是氢。

人们对日珥的认识

1868年，法国的让桑和英国的洛基尔分别引进了光谱技术，人们对日珥的外形才有了明确的认识。

日珥是在太阳的色球层上产生的一种非常强烈的太阳活动，是太阳活动的标志之一。日珥的形状变化万千，大小也不尽相同，一般长达20万千米，厚约5000千米，其腾空高度可达几万至几十万千米，甚至百万千米以上。日珥有着复杂的精细结构，一般由许多条细长的气流组成，流线上有称为节点的亮快成亮点。

日珥可分为：宁静日珥、活动日珥和爆发日珥三类。宁静日珥喷发速度达每秒10000多米，能在日面存活几天，甚至几个月之久；而爆发日珥的喷发速度每秒钟可达几百千米，但存在时间极短。

由于日珥腾空高度有时达数百万千米，实际上它已进入日冕层。日冕层的温度极高，甚至可达100万摄氏度以上，日珥的温度也很高，在10000摄氏度左右。它们不仅温度差别悬殊，密度差别也很大，日珥的密度是日冕的几千倍，令人奇怪的是当日珥冲入日冕层时，既不坠落，也不消融，而是和平相处在一起。

日珥的剧烈运动

日珥的运动很复杂，具有许多特征。例如，在日珥不断地向上抛射或落下时，若干个节点的运动轨迹往往是一致的；当日珥离开太阳运动时，速度会不断增加，而这种加速是突发式的，在两次加速之间速度保持不变；在日珥节点突然加速时，亮度也会增加。对于这些现象，目前还没有满

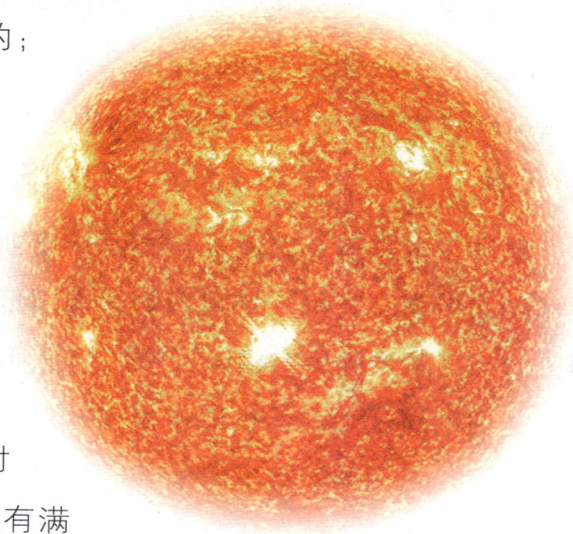

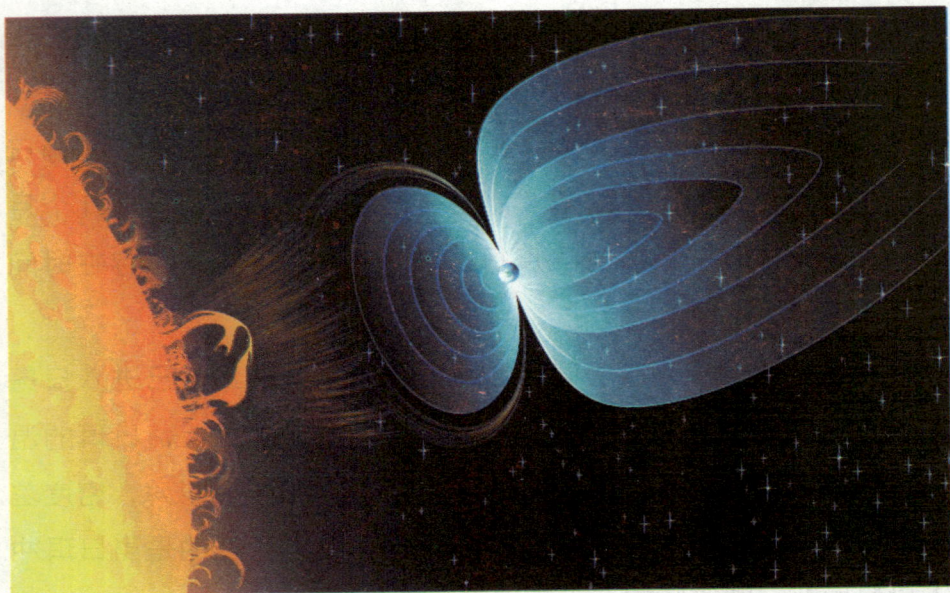

意的解释。

活动日珥和爆发日珥的速度可高达每秒几百千米，动力从何而来？日珥运动往往突然加速，甚至宁静日珥会一下子转变为活动日珥，原因是什么呢？这些问题都有待于进一步研究。一般认为，除重力和气体压力外，电磁力是日珥运动的一个重要因素。日珥运动状态的突变可能与磁场的变化有关。

日珥的分布

日珥在太阳南、北两半球不同纬度处都可能出现，但在每一半球都主要集中于两个纬度区域，而以低纬度区为主。低纬区日珥的分布与黑子的分布相似，按11年太阳活动周不断漂移。

在活动周开始时，日珥发生在30度至40度范围内，然后逐渐移向赤道，在活动周结束时所处的纬度平均约为17度。高纬度区的日珥并不漂移，都在45度至50度范围内。

　　日珥的数目和面积都与11年的太阳活动周有关，随黑子相对数而变化。但变化幅度没有黑子相对数那样大。

　　日珥的上升高度约几万千米，大的日珥可高于太阳表面几十万千米，一般长约20万千米，个别的可达150万千米。日珥的亮度要比太阳光球层暗弱得多，所以平时不能用肉眼观测到它，只有在日全食时才能直接看到。

　　日珥是非常奇特的太阳活动现象，其温度在4726摄氏度至7726摄氏度之间，大多数日珥物质升到一定高度后，慢慢地降落到太阳表面上，但也有一些日珥物质漂浮在温度高达199万摄氏度的日冕低层，即不降落，也不瓦解，就像炉火熊熊的炼钢炉内

居然有一块不化的冰一样奇怪。

而且，日珥物质的密度比日冕高出1000倍至10000倍，两者居然能共存几个月，实在令人费解。

科学家的解释

有科学家解释，太阳磁场具有隔热作用，它包裹住日珥，使两者无法进行热量交换。但是，人们发现，有些日珥并非是从大气层的低层喷射上去的，而是在日冕高温层中"凝结"出来，而有些日珥还在顷刻间就烧完乃至全无踪影，这种凝结现象和突变现象让人无法解释。

此外，空无一物的日冕怎么会突然出现日珥呢？据计算，全部日冕的物质也不够凝结成几个大日珥的，它们很可能是取自色球的物质。但这些猜测尚未得到证实，所以关于日珥的一切还是个谜。

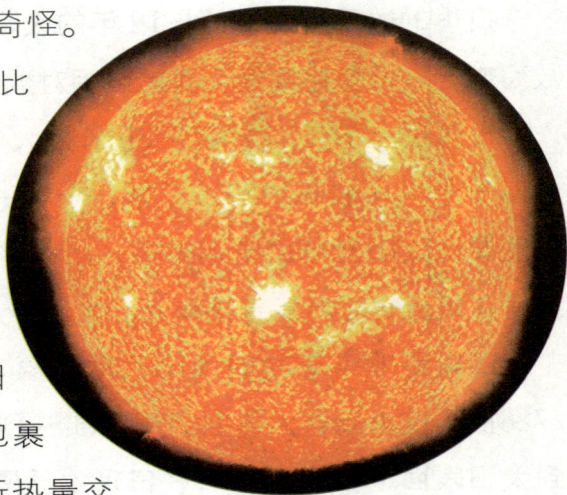

延 伸 阅 读

日全食时太阳完全被月球遮住，"黑夜"突然来临。在"黑太阳"周围镶着一个红色的光环，这就是太阳的色球层。天文学家形容太阳色球层像是"燃烧着的草原"，那上面许多细小的火舌就叫作"日珥"。

太阳极光和极羽

地球上的极光

1958年2月10日夜间的一次特大极光，在热带地区都能见到，而且显示出鲜艳的红色。这类极光往往与特大的太阳耀斑爆发和强烈的地磁暴有关。

2000年4月6日晚，在欧洲和美洲大陆的北部出现了极光景象。在地球北半球一般看不到极光的地区，甚至在美国南部的佛罗里达州和德国的中部及南部广大地区也出现了极光。当夜，红、蓝、绿相间的光线布满夜空，场面极为壮观。

2003年10月30日，美国匹兹堡市出现了极光。虽然是在污染严重的市内，但仍能看到红色的光芒。

2003年11月20日傍晚，极光出现在匹兹堡南方地平线，1小时后消退，半夜时又出现在北方的低空。2004年11月7日晚，较强极光出现在美国匹兹堡，肉眼能分辨出绿色、红色。

极光的形态和颜色

极光没有固定的形态，颜色也不尽相同，以绿、白、黄、蓝居多，偶尔也会呈现艳丽的紫色，曼妙多姿又神秘难测。

极光有时出现时间极短，犹如节日的焰火在空中闪现一下就消失得无影无踪；有时却可以在苍穹之中辉映几个小时；有时像一条彩带；有时像一张五光十色的巨大银幕；有的仅呈银白色，犹如棉絮、白云，凝固不变；有的结构单一，形状如一弯弧光，呈现淡绿、微红的色调。有时极光出现在地平线上，犹如晨光曙色；有时极光如山茶吐艳，一片火红；有时极光密聚一起，犹如窗帘幔帐；有时它又射出许多光束，宛如孔雀开屏，蝶翼飞舞。

虽然目前科学家已了解了极光，但仍留下许多难解的问题，值得人们继续探索。

极光形成的看法

长期以来，极光的成因机理未能得到满意的解释。在相当长一段时间内，人们一直认为极光可能是由以下三种原因形成的。

一种看法认为，极光是地球外面燃起的大火，因为北极区临近地球的边缘，所以能看到这种大火。

另一种看法认为，极光是红日西沉后透射反照出来的光辉。

还有一种看法认为，极地冰雪丰富，它们在白天吸收阳光，贮存起来，到夜晚释放出来，便成了极光。

直至20世纪60年代，将地面观测结果与卫星和火箭探测到的资料结合起来研究，才逐步形成了极光的物理性描述。

极光的传说

极光这一术语来源于拉丁文伊欧斯一词。传说伊欧斯是希腊神话中"黎明"化身，是希腊神泰坦的女儿，是太阳神和月亮女神的妹妹，她是北风等多种风和黄昏星等多颗星的母亲。

极光还曾被说成是猎户星座的妻子。在艺术作品中，伊欧斯被说成是一个年轻的女人，她不是手挽个年轻的小伙子快步如飞地赶路，便是乘着飞马驾挽的四轮车，从海中腾空而起；有时她还被描绘成一个女神，手持大水罐，伸展双翅，向世上施舍朝露，如同我国佛教故事中的观音菩萨，普洒甘露到人间。

爱斯基摩人认为极光是鬼神引导死者灵魂上天堂的火炬，原住民则视极光为神灵现身，深信快速移动的极光会发出神灵在空中踏步的声音，将取走人的灵魂，留下厄运。

极光产生的原理

太阳极光是原子与分子在地球大气层最上层，距离地面100千米至200千米处的高空运作激发的光学现象。由于太阳的激烈活

动放射出无数的带电微粒，当带电微粒流射向地球进入地球磁场的作用范围时，受地球磁场的影响，便沿着地球磁力线高速进入到南北磁极附近的高层大气中，与氧原子、氮分子等质点碰撞，因而产生了"电磁风暴"和"可见光"的现象，就成了万众瞩目的极光。

　　现代理论认为，极光是地球周围的一种大规模放电的过程。来自太阳的带电粒子到达地球附近，地球磁场迫使其中一部分沿着磁场线集中到南北两极。当它们进入极地的高层大气时，与大气中的原子和分子碰撞并激发，产生光芒，形成极光。关于极光的产生，众说纷纭，无一定论，还有待科学家的深入研究。

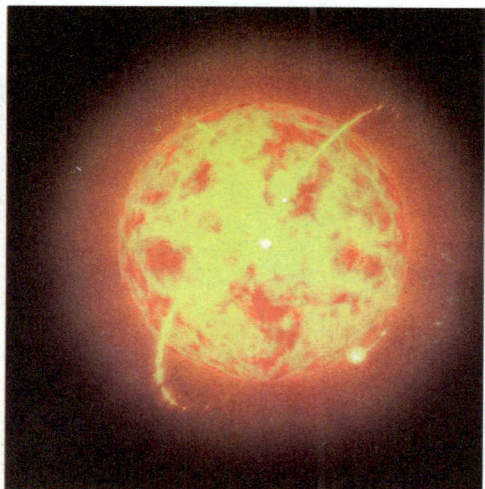

太阳的羽毛

1997年3月9日发生在我国北方漠河的日全食，让每一位亲临现场的人都大开眼界，就在那一瞬间，明亮的天空被一道黑幕合上，太阳被月影完全遮掩。此时，人们惊异地看到了"黑太阳"周围一团白色的光圈，而且在太阳的上下两极地区，这层光圈内竟排列着一道道散发状羽毛样的东西。那么，太阳怎么会生出羽毛呢？

日冕的特征

在日全食发生时，平时看不到的太阳大气层就暴露出来了，它就是日冕。日冕可从太阳色球边缘向外延伸到几个太阳半径处，甚至更远。人们曾形容它像神像上的光圈，它比太阳本身更白，外面的部分带有天穹的蓝色。

日冕主要由高速自由电子、质子及高度电离的离子，即等离子体组成。其物质密度小于2×10^{-12}千克/立方米，温度高达1.5×10^{6}摄氏度至2.5×10^{6}摄氏度。

由于日冕的高温低密度，使它的辐射很弱，并且处于非局部

热动平衡状态。除了可见光辐射外，还有射电辐射、X射线、紫外、远紫外辐射和高度电离的离子的发射线，即日冕禁线。

日冕的形状同太阳活动有关。在太阳活动极大年，日冕接近圆形；在太阳活动极小年呈椭圆形；而在太阳宁静年呈扁形，赤道区较为延伸。日冕的直径等于太阳视圆面直径的1.5倍至3倍以上。

日冕与极羽

日冕的形状是有变化的。人们通过观察发现，自19世纪末以来，日冕的形态随太阳黑子活动的周期约有11.2年，在两个极端的类型之间变化。

在太阳活动极盛时期，日冕的形状是明亮的，有规则的，近于圆形，精细结构，比如极羽并不显著。可是在太阳活动的极衰时期，就其整体来说，日冕没有那样明亮。但在太阳表面赤道附近，日冕的光芒底层却在扩大，上面分成丝楼，呈刀剑状伸向几倍太阳直径那样远的地方。

有人于1848年在高山上观测一次极衰期的日全食，看见这些光芒伸长到离地面1500万千米以外的地方。除了上述特征之外，

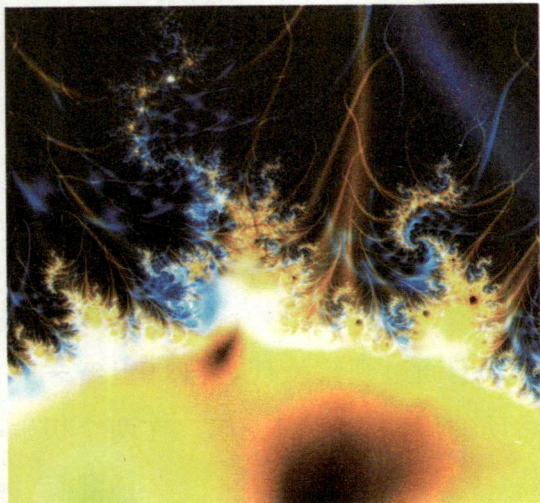

极衰期的日冕往往在两极表现出一种像刷子上的一簇簇羽毛样的结构，人们叫它极羽。

极羽形成的原因

极羽现在已被科学家们归纳为日冕中比背景更亮的两种延伸结构之一，出现在太阳表面的两极区域。它的性质人们还未完全弄清，一般认为，聚集在太阳极区的日冕等离子气体由起着侧壁作用的磁场维持其流体静力学平衡，并因此形成极羽。

极羽的形状酷似磁石两极附近的铁屑组成的图案，这种沿着磁力线的分布说明太阳有极性磁场，并可据此画出太阳的偶极磁场来。

延 伸 阅 读

日冕分为内冕、中冕和外冕三层。内冕从色球顶部延伸至1.3倍太阳半径处；中冕从1.3倍太阳半径至2.3倍太阳半径，也有人把2.3倍太阳半径以内统称内冕；大于2.3倍太阳半径处称为外冕。

奇特的太阳黑子

什么是太阳黑子

　　太阳黑子是在太阳的光球层上发生的一种太阳活动，是太阳活动中最基本、最明显的活动现象。在太阳的光球层上有一些旋涡状的气流，像是一个浅盘，中间下凹，看起来是黑色的，这些旋涡状气流就是太阳黑子。黑子本身并不黑，之所以看着黑是因

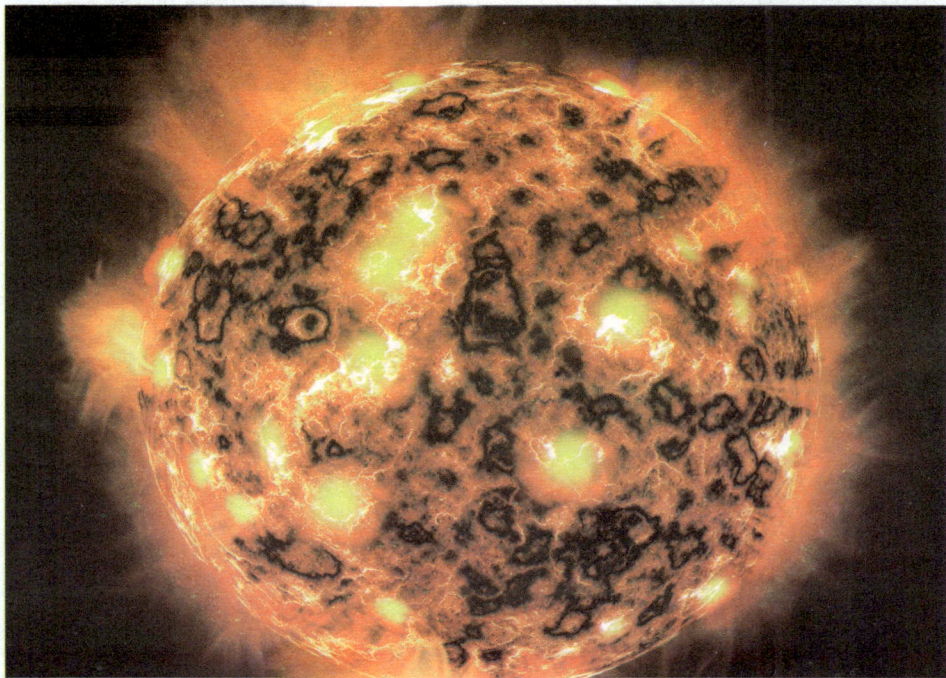

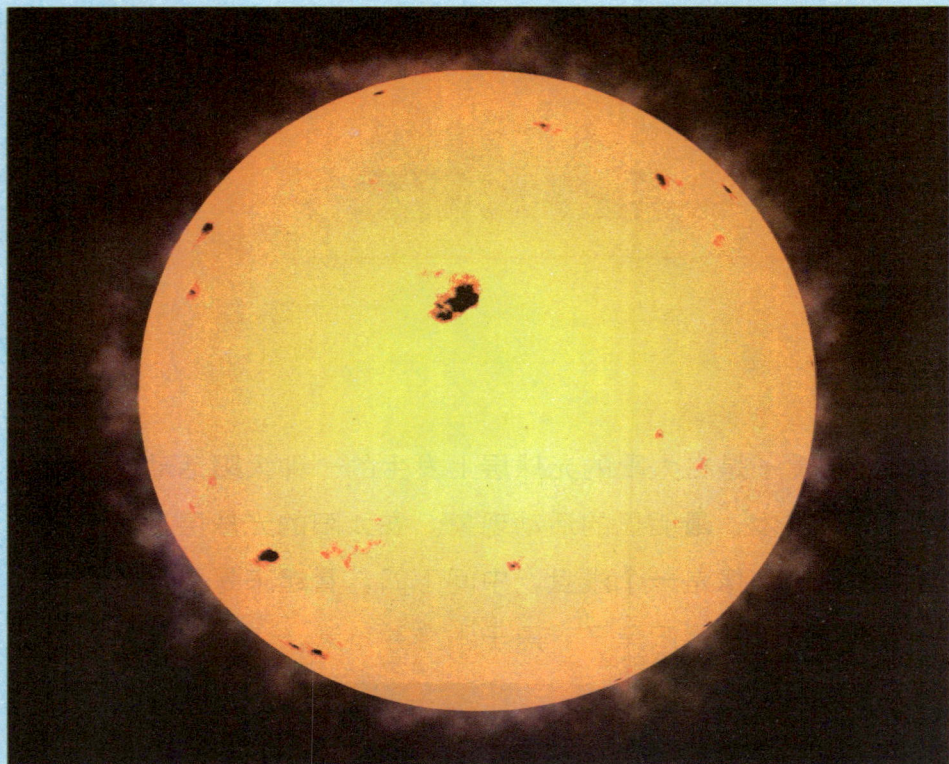

观测太阳黑子

为比起光球来，它的温度要低一两千摄氏度，在更加明亮的光球衬托下，它就成为看起来像是没有什么亮光的、暗黑的黑子了。

太阳黑子由暗黑的本影和在其周围的半影组成，形状变化很大，最小的黑子直径只有几百千米，没有半影，而最大的黑子直径比地球的直径还大几倍。黑子的重要特性是它们的磁场强度，黑子越大，磁场强度越高，大黑子的磁场强度可达4000高斯。

观测太阳黑子

世界上最早的太阳黑子记录是中国公元前140前后成书的《淮南子》。意大利天文学家伽利略发明天文望远镜后，于1610年确认了太阳黑子的存在。从此，人类开始了对太阳黑子活动的探索。1926年，德国的天文爱好者施瓦贝用一架小型天文望远镜观测太阳，仔细计算每天在太阳表面上出现的黑子数目，并绘出太阳黑子图。他发现每经过约11年，太阳活动变得很激烈，黑子数目就会增加很多。有时可以看到四五群黑子，这时称作"黑子极大"；接着开始衰弱，直到最后太阳几乎没有一个黑子。因此，每经过11年，就称作一个"太阳黑子周"。

太阳黑子的周期

为了更准确地研究太阳黑子活动的规律，国际天文学界为黑子变化周期进行了排序，从1755年开始的那个11年称作第一个黑子周，1998年进入第23个黑子周。

1861年，德国天文学家施珀雷尔发现，在每一个黑子周的过程中，黑子出现是遵从一定规律的：每个周期开始，黑子与赤道有段距离，然后向低纬度区发展，每个周期终了时，新的黑子又出现在高纬区，新的周期也就开始了。

20世纪初，美国天文学家海耳研究黑子的磁性，发现磁性由强至弱直至消失的周期恰好是黑子周期的两倍，即22年。人们将这个周期称作磁周期或海耳周期。

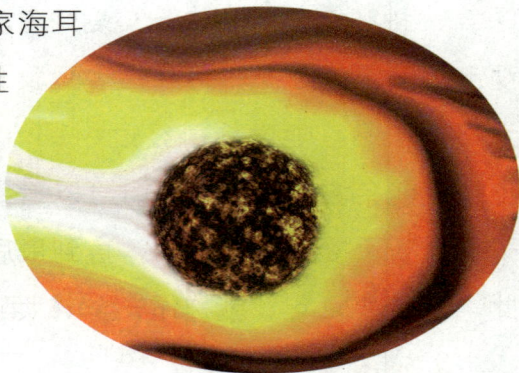

科学家的争议

有人对太阳黑子活动周期持续的时间提出异议。19世纪80年代，德国天文学家斯波勒发现1645年至1715年间，人们很少看到太阳黑子活动。紧接着，英国天文学家蒙德尔指出，这70年太阳活动一直处于极低水平，太阳黑子平均数比通常11年周期中黑子极少的年份还要少，有时连续多年竟连一个黑子也没有。人们把这段时期称为"蒙德尔极小期"。

关于太阳黑子活动周期问题，争论一直在继续，新观点不断涌现，有人提出22年的变化周期，有人提出80年的变化周期，甚至有人提出了800年的周期。总的说来，太阳黑子活动是有一定规律的，但又是复杂多变的，就目前的科学研究水平来看还很难统一。

太阳黑子对地球的影响

太阳是地球上光和热的源泉，它的一举一动都会对地球产生各种各样的影响。黑子既然是太阳上物质的一种激烈活动现象，对地球的影响也就很明显。

当太阳上有大群黑子出现时，地球会出现磁暴现象，导致指南针乱抖动，不能正确地指示方向，平时很善于识别方向的信鸽会迷路，无线电通讯也会受到阻碍，甚至会突然中断一段时间。这些反常现象将会对飞机、轮船和人造卫星的安全航行，还有电视传真等方面造成很大的威胁。太阳黑子的爆炸还会引起地球上气候的变化。100多年以前，一位瑞士天文学家发现，黑子多的时候，地球上气候干燥，农业丰收；黑子少的时候，地球上气候潮湿，暴雨成灾。

我国著名科学家竺可桢也研究提出：凡是我国古代书上对黑子记载得多的世纪，也是我国范围内特别寒冷的天气出现得多的世纪。

还有人统计了一些地区降雨量的变化情况，发现这种变化也是每过11年重复一遍，很可能也跟黑子数目的增减有关系。地震科学工作者发现，太阳黑子数目增多的时候，地球上的地震也多。地震次数的多少，也有11年左右的周期性。

植物学家也发现，树木生长情况也随太阳活动的11年周期而变化。黑子多的年份树木生长得快；黑子少的年份就生长得慢。

更有趣的是，黑子数目的变化甚至还会影响到我们的身体，人体血液中白细胞数目的变化也有11年的周期性。而且一般人在太阳黑子少的年份，会感到肚子饿得比较快。

延 伸 阅 读

对太阳黑子的说法，我国有世界上最早的观测记录。大约在公元前140年前的《淮南子》一书中就有"日中有踆乌"的记述。现今世界公认的最早的太阳黑子记事，是载于《汉书·五行志》中公元前28年3月出现的太阳黑子。

太阳的真面目

太阳有多远

在宇宙天体中，太阳是最引人注目的。人们虽然同太阳几乎天天见面，但由于它时刻发射着刺眼的光芒，所以很难看清它的真面目。那么，今天就让我们一起来看一看太阳的真面目吧！

太阳距地球大约有1.5亿千米，离我们生活的地球很遥远，如

果我们乘坐时速2000千米的超音速飞机奔向太阳，也得花8年半的时间才能到达。太阳发出的光以每秒30千米的速度传播，到达地球大约需要8分20秒。也就是说，我们在地球上任何时候看到的太阳光都是太阳在8分20秒前发出来的。

太阳有多大

太阳的大是难以用语言来形容的，相信只有数字才能真正体现出太阳到底有多大。太阳的直径约为1.392×10^{6}千米，是地球直径的109倍，其质量大约是地球的33.3万倍。如果把地球设想为一个软泥球，那么就需要有130万个这样大小的泥球搓在一起，才能搓成与太阳一般大的球。

太阳的构成

或许有人会问，这么巨大的球体究竟是由什么东西构成的呢？我们知道的是每天清晨一轮红日会缓缓从东方升起，同时散发出巨大的热量，这很容易让我们联想到太阳像一个被烧得火红炽热的铁球。但是让人意想不到的是，太阳从表面到中心全都是由气体构成的。其中，最多的是氢和氦之类的轻质气体。当然，并不是说其中就没有铁和铜之类的金属。

据科学预测，太阳表面的温度就有6000摄氏度，中心温度更高，可达1500万摄氏度左右。

在这样惊人的高温之下，任何东西都会被化成气体。据光谱分析，太阳中除了含有大量的氢，还含有氦、氧、铁等70多种元素。太阳虽然完全是由气体组成的，可是气体在高温高压之下，越到内部被挤压得越紧密，在中心部分，气体的密度竟比铁还大13倍。

既然太阳是由气体构成的，那么它为什么不向四面八方的宇宙空间逸散呢？这是因为太阳的质量很大很大，而且它本身有着强大的引力，这样就会紧紧地拉住要逃散的气体。其实，太阳在这一点上和地球一样，由于自身是有强大的引力而把周围的大气紧紧拉住，不会散失掉。

太阳的形状

太阳空间是什么样子的呢？也许有人会答：是一个发光的圆球。其实，人们用肉眼看到的那个发光的圆球，并不是太阳的全貌，只不过是太阳的一个圈层。人们把太阳发出强光的球形部分叫作"光球"。

光球的厚度只有数十至数百公里的厚度，只是略比球的空气不透明了些。因为光球上半部分的温度比下半部的低，因此太阳盘面的影像会呈现中央比周围的边缘或周边明亮的现像，这一种现象称为周边昏暗。

　　光球是太阳的可见圆面，在太阳大气底层，厚度约500公里，由于它光亮夺目，故称光球。太阳的形状和大小都是根据它测定的，太阳表面温度实际上也是指光球的表面温度而言的。因此，人们常把光球看作太阳的整体。

　　阳光有着近似于黑体的光谱，穿插着数千条来自光球之上稀薄的原子吸收线，指示其温度大约是6,000K。

太阳的光环

　　太阳光球外面的部分是我们用肉眼看不见的。只有当日全食时，光球被月亮遮住了，变成了一个黑色的太阳，我们才能看到紧

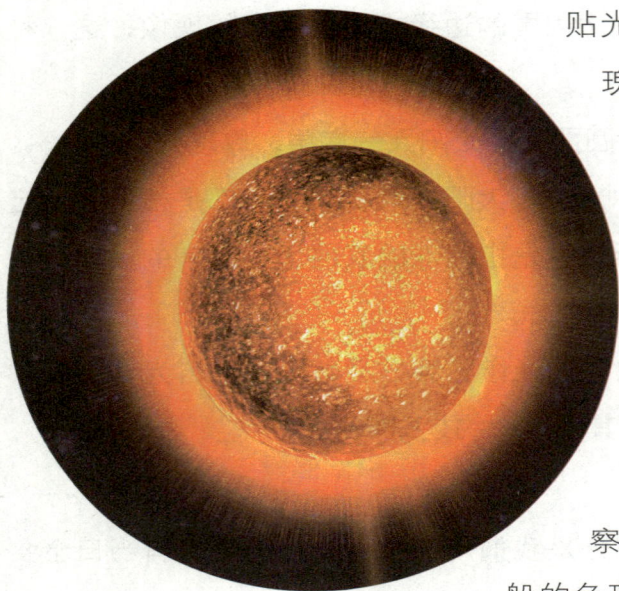

贴光球的外面包着一层玫瑰色的色环，厚度大约有10000千米。人们把包在光球外面的这个圈层叫作太阳的"色球层"。色球层相当于太阳的大气部分。

如果再仔细观察，就会发现像火海一般的色球层表面，往往会突然向外喷出高达几万千米的红色火焰，其火焰的形状有时像一股股喷泉，有时则呈圆环状，还有的呈圆弧形，也有的像浮云一样漂浮在色球层的上空。我们把这种现象叫作"日珥"，其实它就是温度很高的气团。

在色球层和日珥的外围，还有一层珍珠色的美丽光芒，我们称它为"日冕"。日冕逐渐过渡到星际空间，外边界难以确定，它可向空间延伸百万千米。日冕也没有一定的形状，它的高度和形状都随着光球上黑子出现的多少而变化。

日冕也发光，但比太阳本身要暗淡得多，所以通常看不见它，只有在日全食时才能看到。日冕也叫作太阳白光，是一种稀薄的气体，扩散在太阳周围。这种气体也和光球一样，绝大部分是氢气，掺杂着一些氦气。同样，日冕的温度也很高，大约有100万摄氏度。

太阳的运动

太阳是太阳系的中心，但它并不像哥白尼说的那样是静止不动的。太阳除了围绕银河系的中心公转以外，还不停地自转。但是，由于太阳是个气态球，它的自转不像固态的地球那样整体旋转。人们通过观测太阳黑子的移动，知道太阳在赤道附近转得快，越接近两极转得越慢。

可见，太阳表面各处的自转周期是不一样的。在赤道上，太阳自转一周大约需要25天，在纬度45度处则大约需要28天，在纬度80度处需要34天。

我们知道，太阳表面的温度很高，人类的任何探测器都无法

靠近它。我们现在所了解的只是通过光谱分析所得。所以说，对于今天的我们来说，还没有完全揭开太阳的真面目。

延　伸　阅　读

　　太阳是距离地球最近的恒星，是太阳系的中心天体。太阳系质量的99.87%都集中在太阳上。太阳系中的八大行星、小行星、流星、彗星、外海王星天体以及星际尘埃等都围绕着太阳运行。

行踪不定的星星

金卫的首次发现

天空中的星星时隐时现，是由于我们用肉眼观察时空气波动的结果，那么天文学家观察到的时隐时现的星星又是怎么回事呢？

1672年1月25日，法国天文学家卡西尼首次看到金星附近有一个小天体。他仔细观察了10分钟，但并不打算立即宣布发现了一颗金卫，以免引起一场轰动。

　　1686年8月18日早晨，卡西尼又一次看到了这个小天体：这颗卫星足有金星体积的1/4那么大，它位于距金星3/5个金星直径处，这颗金卫的相位与其母行星——金星的相位相同。卡西尼对这一天体研究了15分钟，并做了完整的记录。

科学家的再观察

　　然而观察到此现象的并非仅卡西尼一人。1740年10月23日，英国人吉姆·肖特也在金星附近发现了一个天体，他用望远镜观察了一个小时之久，他说这一天体有1/3个金星那么大。

　　1761年2月10日、11日和12日，法国马赛市人约瑟夫·路易斯·拉格朗格声称他曾几次看到了这颗金卫。

1761年3月15日、28日和29日，法国奥赫里人蒙特巴隆通过他的望远镜也发现了这个金星的"幼仔"。而同年的6月、7月、8月间，美国科佩汉根人罗德科伊尔对这一天体也曾观察了8次。这些科学家们的辛勤劳动最后得到了官方的承认。普鲁士国王弗雷德里克大帝提议，将金卫命名为"阿里姆博特"，以纪念这位法国学者。

金卫的悄然离去

1768年1月3日，科佩汉根的克里斯坦·霍利鲍又仔细研究了这颗金卫，继而发生的事更为神秘离奇，即金卫这个爱神之子失踪了整整一个世纪。

在1886年，这个金卫又出现了。埃及天文学家曾7次看到了它，并把它命名为尼斯，以示对这位埃及知识之神的敬意。

1892年9月9日，美国天文学家爱德华·埃默森·伯纳德在

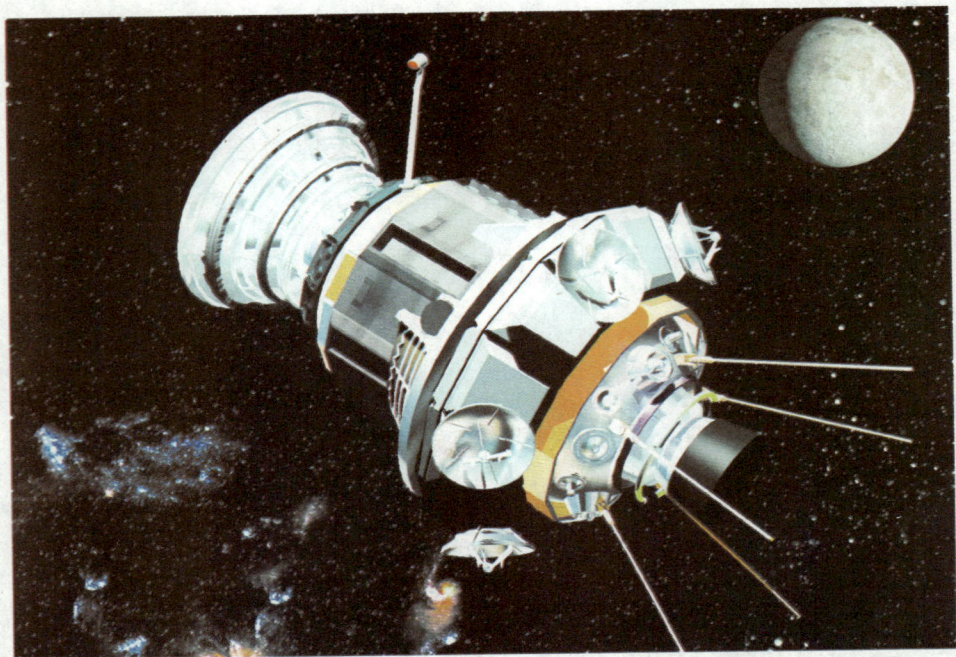

金星附近看到一个7星等的天体。伯纳德教授确定它是一颗位于Ophillchlls星座的恒星，人们还给木卫五取名为伯纳德恒星，以示对他的敬意。然而正当木卫五围绕其母星欢乐地运行，这颗伯纳德小恒星在不停地闪烁之时，金卫却又悄然走失了。

自此以后很长一段时间，天文学家试图再一次寻找这颗金卫，但都无功而返。这颗为许多科学家所观测到的卫星至今仍是一个谜。

科学家的猜测

如果评论家们要说所有这些科学家之辈们都在凭幻觉，那么这些说法纯粹太离谱也太不近人情。

毫无疑问，所有这些观察都是有目共睹、切切实实的。这一切的发生不得不使人们产生了许多猜测：1859年穿越太阳表面的那个天体是什么呢？会不会它是一个小行星或者是另一个世界的巨大空间站呢？金卫是不是也为外星系的空中堡垒呢？

金星卫星之谜

金星目前还有许多谜团未解开，其中最令人困惑的就是它的卫星之谜。

在现在的所有天文书籍上，在谈到金星卫星时都认为它的天然卫星数是"0"。

1686年8月，法国天文学家乔·卡西尼宣布他发现了金星的一颗卫星。并对这个新发现的金卫进行过多次观察。根据他公布的金卫轨道数据，当时有不少人也观测到了这个卫星，直至18世

纪时，金星卫星似乎已经成为了定论。

金卫在人们的观测中存在了78年，现在再也没有丝毫踪迹可循。现在的太空望远镜、射电望远镜、雷达以及若干宇宙飞船已经证实，现在的金星没有卫星。

延 伸 阅 读

卡西尼，1625年6月8日出生于意大利佩里纳尔多，1712年9月14日逝世于法国巴黎。他是一位在意大利出生的法国天文学家和水利工程师。他发现了土星光环中间的缝隙，"卡西尼缝"由此得名。

瑰丽壮观的星云

彩虹星云

这些由星际尘埃及气体云组成的云气，如同纤柔、娇贵的宇宙花瓣远远地盛开在1300光年远的仙王座恒星丰产区。有时它被称为彩虹星云，有时人们又叫她艾丽斯星云，被编入目录时的编号是NGC7023，它并不是天空中唯一会让人联想到花的星云。

在彩虹星云中，星云尘埃物质围绕着一颗炙热的年轻恒星。尘埃中央灯丝以一种略带红色的光致发光。然而，这一星云反射出的光线主要是蓝色的，这是尘埃微粒反射恒星光芒的特点。在

尘埃中心的细丝发出微弱的红色荧光，这是由于一些尘埃微粒能有效地将恒星发出的不可见的紫外线转换成可见的红光。红外观测器还发现这个星云可能含有叫作多环芳烃的复杂碳分子。

玫瑰星云

美丽的玫瑰星云NGC2237，是一个距离我们5200光年的大型发射星云。星云中心有一个编号为NGC2244的疏散星团，而恒星星团所发出的恒星风已经在星云的中心吹出一个大洞。这些恒星大约是在400万年前从它周围的云气中形成的，而空洞的边缘有一层由尘埃和热云气组成的隔离层。这团热星所发出的紫外光辐射游离了四周的云气，使它们发出辉光。星云内丰富的氢气，在年轻亮星的激发下，让NGC2237在大部分照片里呈现红色的色泽。

不是所有的玫瑰星云都是红色的，但它们还是非常漂亮的。在天象图中，美丽的玫瑰星云和其他恒星形成区域总是以红色为主，一部分因为在星云中占据支配的发射物是氢原子产生的。

三叶星云

1747年，法国天文学家勒让蒂尔首先发现了三叶星云，三叶星云比较明亮也比较大，为反射和发射混合型星云，视星等为8.5等，视大小为29′×27′。这个星云上有3条非常明显的黑道，三叶星云由法国天文学家勒让蒂尔于1747年发现的，这个星云上有三条明显的黑道，它的形状就好像是三片发亮的树叶紧密而和谐地凑在一起，因此被称作三叶星云。由于星云上面那格外醒目的三条黑纹，也有天文学家将它叫作三裂星云。

三叶星云位于人马座。要想找到三叶星云，我们要先熟悉一下人马座。人马座是一个十分壮观的星座，坐落在银河最宽最亮的区域，那里就是银河系的中心方向。每年夏天是最适于观测人马座的季节。6月底7月初时，太阳刚刚落山，人马座便从东方升

起，整夜都可以看见它。

人马座是黄道12星座之一，它的东边是摩羯座，西边是天蝎座。有人将人马座叫作射手座，那是不规范的叫法。人马座的主人公是希腊神话中上身是人、下身是马的马人凯洛恩。凯洛恩既擅长拉弓射箭又是全希腊最有学问的人，许多大英雄都拜他为师。

由于人马座的位置比较偏南，所以地球上北纬78度以北的地区根本看不到这个星座，北纬45度以南的地区才能够看到完整的人马座。我国绝大部分地区都能看到完整的人马座。

那么，我们怎样才能顺利地找到人马座呢？人马座中有6颗亮星组成了一个与北斗七星非常相像的南斗六星。虽然南斗六星的亮度和大小都比北斗七星逊色，但也很惹人注意。因此找到了南斗六星也就是找到人马座了。

　　人马座的范围比较大，所包含的亮星比较多，2星等2颗，3星等8颗。人马座也是著名深空天体云集的地方，除了三叶星云之外，另外还有14个梅西叶天体，如著名的礁湖星云M8、马蹄星云M17等，三叶星云在梅西叶星表中排行20，简称M20。

　　那么，三叶星云在哪儿呢？它就在南斗六星斗柄尖上那颗较亮的人马座 μ 星的西南方大约4度远处。三叶星云距离我们5600光年之遥。

环状星云

　　环状星云，原文Planetary nebulae，意为行星状星云，因此类星云中心有颗高温星，外围环绕着一圈云状物质，就好像行星绕着太阳似的而得名，也有因其形状像一个光环，所以又称为环

状星云。

其成因系由超新星爆炸所致，当一颗质量是太阳的1.4～2倍的恒星发生爆炸时，其外部物质被抛向太空，形成圆形的星云，而星球的核心部分则被压缩成密度极大、温度极高的中子星，中子星把抛出到周围的物质照亮而被人们看到的星云，即为环状星云，这和气状星云、系外星云的性质完全不同，此类星云在数量上远比其他类星云星团少很多。

环状星云是由英国著名天文学家威廉·赫歇尔发现的。当时，赫歇尔还是英国皇家乐队的一名钢琴师，但他酷爱天文学，经常用望远镜观测星空。

1779年夏季的一天晚上，当赫歇尔把望远镜对准天琴座的时候，在密密麻麻的恒星当中，发现了一个略带淡绿色、边缘较清晰的呈小圆面的天体。他模模糊糊地看出，这应该是一个星云。

但这是一种什么类型的星云呢？赫歇尔也不知道。

由于他的望远镜分辨率太差了，他看不清楚星云的细节，只是看它的模样与大行星很相像，于是赫歇尔就把这类星云命名为行星状星云。事实上，行星状星云与行星毫无关联，然而这个不恰当的名称却被人们一直沿用下来。

与赫歇尔同时代的法国天文学家安东尼·达尔奎耶也在同时发现了这个天体，他当时是在观测出现的彗星而看到它的。法国天文学家梅西叶把这个天体收入自己编制的星表中，排在第57位，简称M57。

随着观测能力的不断提高，人们后来又陆续发现了不少行星状星云，目前有1000多个。天文学家估计在我们的银河系中一共有四五万个行星状星云，只是由于它们都隐藏在太空深处，实在是太小太暗了，以至于我们目前还不能发现它们。

马头星云

IC434是位于猎户座的一个明亮发射星云，它于1786年2月1日被英国天文学家威廉·赫歇尔发现。它位于猎户腰带最东边的参宿一旁边，是一片细长且模糊不清的地区。IC434因为衬托出著名的马头星云，因此它比IC星表中的其他天体更为著名。

马头星云，也称巴纳德33，是明亮的IC434内的一个暗星云，位于猎户座的暗星云。马头星云离地球大约1500光年，从地球看，它位于猎户座下方，视星等8.3等，肉眼不能见。因形状十分像马头的剪影，故有马头星云的称号。1888年，哈佛大学天文台拍下了照片，人们首次发现这个不同寻常形状的星云。

"马头星云"是业余望远镜能力范围内很难观测到的天体，

所以业余爱好者经常将"马头星云"作为检验他们观测技巧的测试目标。它的一部分是发射星云，为一颗光谱型B7的恒星所激发；另一部分是反射星云，为一颗光谱型B7的恒星所照亮。角直径30'，距地球350秒差距。

星云红色的辉光主要是星云后方被恒星所照射的氢气。暗色的马头高约1光年，其底部的亮点是正在新生阶段的年轻恒星，大约需要经过1500光年，才会从马头星云传到我们这里。

幽灵星云

幽灵星云是位于猎户座的一个弥散星云，距离地球1300光年，看起来像有一个黑色鬼影浮于雾气之中。幽灵星云的编号是NGC6369，它是18世纪的英国天文学家威廉·赫歇尔用望远镜观测蛇夫座时发现的。这个星云具有行星浑圆的外观，此外，它也很昏暗，所以有"幽灵星云"的绰号。猎户座内部的明亮变星

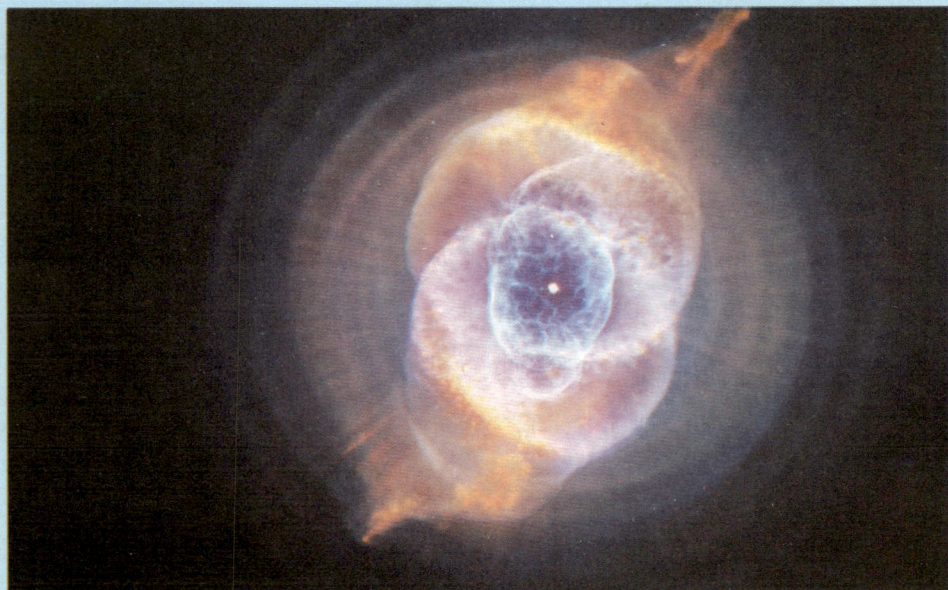

V380照亮了此星云，这些寒冷气体与尘埃如此浓密，以至于完全阻挡了光线的通过。此黑暗云中的恒星或许很密集，而此黑暗云是一个致密的气体尘埃云，被叫做博克球状体。

小幽灵星云位于离开太阳系2000光年以外的蛇夫星座，气体以24千米/秒左右的速度向外喷溅，而气团的直径已经达到1光年。呈现蓝绿色的中间部分由气体组成，这是在红色巨星紫外线作用下发生强烈电离的结果。气团的外部受紫外线的作用较弱，因此颜色接近黄色和橙色。

蚂蚁星云

该星云是一个由尘埃和气体构成的云团，专门名称是Mz3。在用地面望远镜观察时，发现它的外形与一只蚂蚁非常相似。位于我们的银河系中，距离地球3000到6000光年。

它是于1997年7月20日被华盛顿大学天文学家布鲁斯·贝里克

和莱登大学天文学家文森特·艾克在研究哈伯太空望远镜的影像时发现的。Mz3被称为蚂蚁星云是因为它的影象十分像一只普通蚂蚁的头部和胸部。

猫眼星云

　　猫眼星云为一行星状星云，位于天龙座。这个星云特别的地方在于其结构几乎是所有有记录的星云当中最为复杂的一个。猫眼星云拥有绳结、喷柱、弧形等各种形状的结构。这个星云于1786年2月15日由英国的威廉·赫歇尔首先发现的。

　　至1864年，英国业余天文学家威廉·赫金斯为猫眼星云做了光谱分析，也是首次将光谱分析技术用于星云上。

　　现代的研究揭开不少有关猫眼星云的谜团，有人认为星云结构之所以复杂，是来自其连星系统中主星的喷发物质，但至今尚

未有证据指出其中心恒星拥有伴星。

另外，两个有关星云化学物质量度的结果出现重大差异，其原因目前仍不明。

延 伸 阅 读

上帝之唇：2010年，美国宇航局拍摄到一张暮年恒星形成的星云图像，星云的形状酷似撅起来准备亲吻的嘴唇。这颗正在衰亡的恒星距地球16000光年，是银河系最大的天体之一。它的质量是太阳的35倍，亮度是太阳的100多万倍，在进入暮年后迅速燃烧，内部的物质被释放出来形成星云。

灰蓝色的巨蛋

太空的蓝色巨蛋

《明日太空》科学杂志报道，前苏联的太阳系太空船与一枚灰蓝色巨蛋相遇。当时两者之间只隔数千米。

德国天文学家舒密德在《明日太空》科学杂志上说："我身为前苏联太空资料分析顾问，有缘得见数百幅有关该枚巨蛋的高解像图片，它长达1127千米，表面光滑，呈椭圆形，活像一只大鸟蛋。当然它可能是一颗流星或是太空垃圾，但同样我们不能排除它具有生命的可能。"后来，前苏联的一份报纸报道了此事，称这次太空"第三类接触"是在1986年底发生的，不过没有透露该枚巨蛋在太空何处。

科学家的分析

前苏联太空科学家帕克科马夫指出，这次可能是自从1930年发现冥王星以来最重大的一次发现。

帕克科马夫说："如果这个不明物体确实是一个蛋，那就不只意味着外太空有生物，而且这种生物还是在太空生活。这样庞大的一个蛋如果孵化成长后，体型可能有月球那样大，如果这种生物到地球乱闯，人类的文明势将毁于一旦，地球也可能脱离轨道，面临末日。"

帕克科马夫表示前苏联的科学家会致力分析太空船拍回的照片，直到确定这个巨蛋的性质为止。

延 伸 阅 读

1984年5月14日，前苏联太空实验室"礼炮6号"上的两位宇航员克华利雅诺与沙文尼克有幸在太空中亲眼见到了乘坐银色圆球而来的三位外星同类。

令人惊奇的陨石

我国最大的陨石雨

1976年3月8日下午，我国吉林省吉林市的近郊发生了一次大规模的陨石雨。其规模之大仅次于通古斯和老爷岭陨石雨，在石质陨石雨中规模是第一位的。

吉林市陨落区呈很长的椭圆形，长度超过70000米，面积达400平方千米至500平方千米，搜集到的陨石有1000多块，总质量

在2600千克以上。其中最大的"吉林1号"陨石，重1770千克，是目前世界上最重的石陨石。第二位是美国诺顿陨石，重1080千克。吉林陨石雨规模虽大，却没造成什么损失，实属难得。

陨石带来的趣闻

最大的铁陨石：霍巴陨石，长2.75米，宽2.43米，重达60000千克，发现于非洲纳米比亚南部格鲁特丰坦附近的西霍巴地区，至今仍"安息"于原地，因为世界上没有一个博物馆能装得下它。

最大的石陨石：我国"吉林1号"陨石，重1770千克，当然它是可以被博物馆珍藏的了。

充当杀手的陨石：1955年，美国阿拉巴马州希拉考加城的休莱特·朗杰斯太太正躺在沙发上打盹。突然一声巨响惊醒了她，一块重39000千克的陨石落在她附近。

陨石带来的灾难

1847年，一块陨石击中一艘从日本开往意大利的船只，两名水手不幸丧命。1512年，我国山东省丰城由于陨石引起火灾，烧毁房屋千余间。次年，丰城又因陨石起火，使20000户居民无家可归。1954年11月30日，在美国亚拉巴马州的一个小城，一块重3900克的陨石残块击穿了屋顶和天花板，击伤了一名正在睡觉的妇女。不过陨星陨落直接伤人的事件是极为罕见的。

陨星落到屋顶的事件也时有发生。最近20多年里，美国和加拿大研究发现的新陨落的陨星事件中，只有7起事件造成房屋严重受损，受损的房屋通常都是楼房和汽车库的屋顶。另外两起事件由于陨星质量小未能损坏屋顶。还有一颗重1300克的陨星击中一个邮箱，从而使它严重变形。如果考虑到一部分陨星坠落到公共

设施和工业厂房的屋顶而不被注意，那么预测概率为年均0.8次或20年间16次落到屋顶。所有这些均被观测和证实。

天上掉下的陨冰

1990年3月31日9时3分，江苏省无锡市鸿升乡里村的3个农民正站在一起聊天。忽然听到"啪"的一声，前面突然出现了一大堆冰，其中最大的一块竟有0.4米长。这些冰块呈浅绿色，有光泽，质地细密，呈半透明状。经过调查分析，确认这些冰是从天上掉下来的陨冰。自1982年12月以来，类似的陨冰事件已在苏南地区出现了多次。其中6次都在无锡市境内。天文学家认为陨冰极有可能来自地球以外的太空，那么它就应该是属于彗星的核部分的碎块。有人甚至认为，地球上的水主要就是这些陨冰带来的。

如今还不能绝对肯定它们来自太空，因为它们的坠落地点太集中了，这不能不使人怀疑到底是巧合，还是一种地球大气的局部性事件？

陨冰到底是从哪里来的？还没有统一的说法，有待科学家的深入研究。

陨星坠落的概率

研究人员在9年时间里，借助60部摄像机在加拿大西部进行了观测。积累的大量资料得以计算出陨星陨落的概率，即取决于陨星的质量。据此推测，陨星的总质量是摄像机所拍摄到的最大陨星残块的两倍多。

实际上，每天平均有大约39颗质量不一的陨星落入100万平方千米的陆地上，那么每年有大约5800颗陨星落入整个地球的陆区表面。

陨星落入人群或房屋的概率有多大呢？研究人员做出许多推

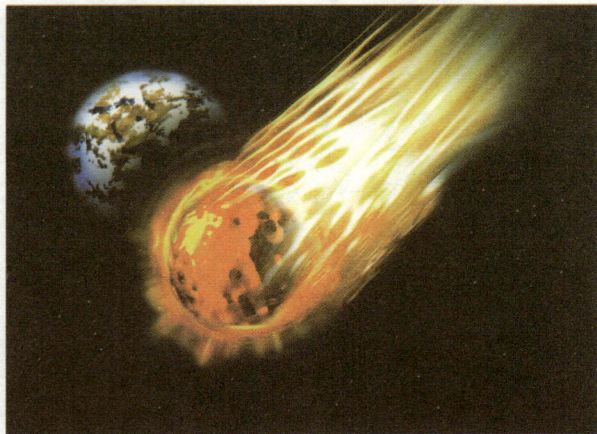

断：若按一个人占0.2平方米的面积计算，落到人身上的最小陨星残块的重量不超过几克。通常，200克以上的陨星块才能击穿屋顶和天花板。如果陨星的总重量为500克，那么5个残块中每一个都能击穿屋顶，但是质量较小的陨星残块就不会导致这一后果。

科学家在用外推法分析和研究获得了有关世界人口和各大陆的资料，进而得出一个结论：在世界50亿人口中，质量不小于100克的陨星陨落事件的概率为10年一人次。陨星击穿屋顶的概率也不过年均16座房屋。

延 伸 阅 读

陨冰：彗星的彗核是以水、冰为主的冰物质，其中也夹杂着一些尘埃物质，当彗星在太阳系中运行时，受迎面而来的流星体撞击，就会从彗核表面溅射出一些碎冰块，有的与地球相遇，穿过大气层到了地面，成为陨冰。

各种各样的怪云

硕大无比的蘑菇云

1984年4月9日22时12分，日本航空公司的JA136班机发现了一个奇怪的景象：一朵巨大的冰激凌状的云彩，上端呈半球体，中下部呈直柱状，上下高度约10000米，在太平洋海面上凌空而立，酷似一朵硕大无比的蘑菇。

任何稍有常识的人一看见这种形状的云彩，便会立刻联想到原子云。云彩迅速地扩散开来，从飞机的座舱里也可以看到，扩散的云雾正在扑面而来，给人一种深入云雾之中的感觉。时值深

夜，又没有光，但云彩在微弱的夜光的反射下居然闪现出明亮的蓝白色光。

日本旅客小平久幸越看越觉得那不是普通的积乱云，而像是核试验后产生的原子云，他果断地向机长报告了情况。

冰激凌状的云朵

在这一天晚上，看见这奇怪的半球体云彩的目击者不只JA136班机上的乘客，荷兰航空公司的868班机上的人也同样在同一地点碰见那冰激凌状的云朵。当时868班机的机长向安格治管制塔报告说："前方产生一道强光，突然有圆球形般的云彩出现。云彩刹那间散开了。"

除荷兰航空公司的868班机外，还有两架当夜飞行于这一航线的运输机也同样目击了酷似原子云的半球体云朵。

飞机降落到地面后，检查人员对4架飞机及全体乘客、机员进行了严密细致的检查，然而无论是机舱内空气的取样化验，还是乘客、机员的全身检查，结果表明没有任何放射性污染的痕迹。而对这一出人意料的结果，安格治军事当局宣布，目击者们看见的半球体云朵不是核试验产生的云彩。那么太平洋海面上空的冰激凌状原子云究竟是怎么回事呢？

JA136班机的机长马格先生说："自然的云彩不可能扩散成那种形状，除了强烈的爆炸物爆炸外，没有其他可能。"他显然是在暗示发生了核爆炸。根据有关方面的调查结果显示，4月9日那天，日本自卫队在原子云出现的那一带海域未曾举行过军事演习，而且以当时日本的军事能力而言，它的任何演习都不能产生10000米高的烟云。而根据专家们说，即使是核子弹在空中爆炸，它所产生的烟云也不可能产生目击者所形容的那种形状。

云是怎样形成的

那么，是不是自然界的异常情况才导致产生这种奇怪的云的呢？答案也是否定的。因为根据气象局的微压计探测，当天附近

海域无任何大的爆炸等异常迹象。而且在9日晚上21时至次日凌晨1时气象卫星所拍摄的照片上，只有绢云和绢层云而已，这表明气象情况稳定，不可能出现积乱云或龙卷云。

也就是说，这些云有时能呈现出一定的高度。于是气象局猜测，当天有可能出现镜云，以此来解释那奇异的原子云现象。后来，有传闻说日本航空自卫队对此事进行了调查，在现场收集到一些尘埃，还说美国当局也进行了类似的调查等。随着时间的推移，人们对此事的兴趣渐渐淡薄，最后也就忘记了这件事。此事至今仍是一个不解之谜。

延　伸　阅　读

乳房云，它的出现通常预示着暴风雨天气的降临，世界各地经常出现这种奇异的气候现象。美国加州大学圣克鲁兹分校物理学家帕特里克·张称："这种云彩的外形看起来很奇怪，如同一个个袋子挂在天空一样。"

形状各异的闪电

树状的闪电

1989年8月27日4时，位于四川省南川县的金佛山，雷鸣、闪电、大雨交加。当金佛山南麓的金佛山水电厂的总指挥胡德厚一觉醒来时，发现办公楼后面的玉林村后山坳异常明亮。

开始他以为房子着火了，但仔细一看，光亮呈扇形，顶部仿佛一瓣一瓣的，特别像莲花，估计高十多米，颜色白中略带红

色，下部明亮，顶部较淡。其光亮度比汽车车灯还要强得多，但光亮朝天空散射，照射幅度不大，四周依然暗黑一片。与此同时，还有一条带状云气轻纱似地飘于山间，高与光亮顶部相平。随着一声巨大的雷响，闪电的中间好似一棵伞形的树，青枝绿叶，奇美异常。目前这种奇怪的闪电还是一个谜。

留下图案的闪电

1996年6月17日，在法国的南方，两名工人在棚子里避雷雨。没想到一个闪电竟打中他们避雨的地方，结果两人都倒在地上。闪电使其中一个男子的皮鞋开了线，还撕破了他的裤子。

不过最引人注目的是另一个情况：闪电仿佛是个技术高明的

摄影师，它在死者的手臂上出色地拍下一张松树、杨树及这个人表带的照片。卡米尔·法兰马利昂在分析这一情况后提出一个设想，即死于闪电的人所停留的棚子可能是一个摄影室，闪电起了透视的作用。不过无法解释这种设想，为什么拍摄时有如此奇特的选择性，因为拍下来的只有某些物象，而且仅仅取自四周的景观。同样，穿透衣服而取景拍照的现象也令人无法解释。

还有一种更神奇的现象，那就是图像被印在皮下的状况。例如，1812年在科姆布亥，有6只羊在橡树和榛树林附近的野地上被闪电击毙。当人们剥下它们的毛皮时，在它们的身上，说得准确些是在它们的毛皮里面发现了四周部分景物的逼真图像。

线状闪电

线状闪电与其他放电不同的地方是有特别大的电流强度，平

均可以达到几万安培，在特殊情况下可达20万安培。这么大的电流强度可以毁坏和摇动大树，有时还能伤人。当接触到建筑物时，常常会造成"雷击"而引起火灾。线状闪电大多数是云对地的放电。

片状闪电

片状闪电是一种比较常见的闪电形状，看起来好像是在云面上有一片闪光。这种闪电可能是云后面看不见的火花放电的回光，或者是云内闪电被云滴遮挡而造成的漫射光，也可能是出现在云上部的一种丛集的或闪烁状的独立放电现象。片状闪电经常是在云的强度已经减弱，降水趋于停止时出现的。它是一种较弱的放电现象。

球状闪电

虽说球状闪电是一种十分罕见的闪电形状，却最引人注目。它像一团火球，有时还像一朵发光的盛开着的"绣球"菊花。它约有人头那么大，偶尔也有直径几米甚至几十米的。球状闪电有时候在空中慢慢地转悠，有时候又完全不动地悬在空中。它有时候发出白光，有时候又像流星一样发出粉红色光。

球状闪电"喜欢"钻洞，有时候，它可从烟囱、窗户、门缝钻进屋内，在房子里转一圈后又溜走。球状闪电有时发出"咝咝"的声音，然后一声闷响而消失；有时又只发出微弱的"噼啪"声而不知不觉地消失。球状闪电消失后，在空气中可能留下一些有臭味的气烟，有点像臭氧的味道。球状闪电的寿命不长，仅为几秒钟至几分钟。

闪电形成的假说

对流云初始阶段的离子流假说：大气中总是存在着大量的正离子和负离子，在云中的水滴上，电荷分布是不均匀的，最外边的分子带负电，里层带正电，内层与外层的电位差约高0.25伏特。为了平衡这个电位差，水滴必须优先吸收大气中的负离子，这样就使水滴逐渐带上了负电荷。当对流发展开始时，较轻的正离子逐渐被上升气流带到云的上部；而带负电的云滴因为比较重，就留在下部，造成了正负电荷的分离。水滴因含有稀薄的盐分而起电。当云滴冻结时，冰的晶格中可以容纳负的氯离子，却

排斥正的钠离子。因此，水滴已冻结的部分就带负电，而未冻结的外表面则带正电。由水滴冻结而成的霰粒在下落过程中，摔掉表面还来不及冻结的水分，形成许多带正电的小云滴，而已冻结的核心部分则带负电。由于重力和气流的分选作用，带正电的小滴被带到云的上部，而带负电的霰粒则停留在云的中下部。

闪电究竟是怎样形成，目前的还没有统一的说法，有待科学家进一步探索研究。

延 伸 阅 读

超级闪电是指那些威力比普通闪电大100多倍的稀有闪电，是在云层顶端发生的高空正电荷放电发光现象。普通闪电产生的电力约为10亿瓦特，而超级闪电的电力至少有1000亿瓦特，甚至可能达到万亿至10万亿瓦特。

六月飞来的雪花

六月飞雪的记载

公元前435年，陕西的《扶风县志》中就有"六月秦雨雪"的记载。这里的"六月"是指农历而言（下同），"雨"字作动词讲，"雨雪"即下雪。

据江西《金溪县志》和《托州府志》记载：1653年金溪夏六月，炎日正中，忽下大雪，仰视半空，玉鳞照耀，至檐前则溶温

不见。

1655年《抚州府志》和《宜黄县志》中记载了"宜黄六月雪"。1661年，福建《建瓯县志》记有"建瓯六月朔大寒、霜降，初四日雨雪"。

1860年，湖北宜昌一带也出现过夏日下雪现象，至今在宜昌境内还保存着一块完整的石刻，上面写道："庚申年又三月十五日，立夏大雪。"

各地的六月雪

在现代，"六月雪"也并不鲜见。1981年5月31日上午，山西省管涔山区一带天气突变，先是凛风劲吹，气温迅速下降，接着铺天盖地的中高云层慢慢移来，将天空笼罩得严严实实。临近正午，天空忽然飘起纷纷扬扬的雪花。雪越下越大，似鹅毛般大片大片洒落到地面。这场百年罕见的大雪一直持续到6月1日下午15时才停止，降雪量达到50毫米左右，3天后积雪才完全融化。

1987年8月18日下午16时许，上海市也遭遇了不期而至的降雪。这天是农历闰六月二十四日，按常理正是当地最为炎热的时候，然而纷纷扬扬的雪花不但消除了炎热，还使人们不得不穿上厚厚的衣服来御寒。

据气象专家分析，此场降雪是因为一场雷阵雨后，3000米和5000米高空的气温迅速下降到零下4摄氏度到零下7摄氏度，这股

高空冷空气与地面大量上升的暖湿水汽相遇，冷暖空气激烈交锋，冷空气占据上风，因而天空降下大量的雪花。

世界上许多国家出现过农历六月降雪的现象。1816年夏季，西欧出现了罕见的反常天气：当地六月降雪不止，积雪深达16厘米，湖水结冰，行人穿起了厚厚的冬装，人们不得不在家围着火炉取暖。反常天气一直持续到农历八月，各种蔬菜相继冻死，田地里的庄稼遭到严重冻害。

高纬度地区的"六月雪"现象似乎不足为奇，令人惊奇的是热带地区也曾下过六月雪。

1982年7月的一天，位于赤道附近的印度尼西亚伊里安岛的伊拉卡山区，就遭遇了历史上罕见的特大暴雪袭击，大雪整整下了20多个小时，当地气温骤降到零摄氏度左右。

　　长期生活在热带地区的当地人从未经受过如此严寒，许多人在身上抹油抵御寒冷。

　　最近的两次"六月飞雪"，一次是2007年6月20日，甘肃降大雪。它是一种自然现象，由于气候的不断变化，遇上特殊的天气条件，比如夏季冷空气长期盘踞一地，加上地理位置、海拔高度等条件，就可能形成夏日降雪的特殊现象。

六月飞雪的成因

　　冷暖气流交锋剧烈时，就会产生强降雨。但是气流突然将含有冰晶或雪花的低空积雨云拉向地面，便会在小范围内出现短时间雪花纷飞的奇观。

　　产生"六月雪"的直接原因多半是夏季高空有较强的冷平流。不过，也有专家认为六月飞雪的产生与可导致气候异常的太阳活动、洋流变化、火山爆发等因素有关。

延　伸　阅　读

　　1980年莫斯科的"六月雪"就是由于斯堪的纳维亚北部寒流的入侵所致。2005年立夏那天，北京门头沟部分地区飘起了一场鹅毛大雪。

太阳确实有伴星吗

太阳的伙伴是谁

有的恒星看上去是一颗星，但用望远镜观察，它却是两颗互相吸引、互相绕转的星，就像两个在一起的伙伴一样。

太阳这颗恒星有没有伙伴呢？假如太阳真有一个伙伴，即伴星，那么人类就可以解释过去出现的一些现象，然后再想方设法

防止今后可能出现的大灾难。

物理学家的研究

1979年，美国哥伦比亚大学的地质学家沃尔特送给他父亲阿尔瓦雷斯一块6500万年前的石头，它与恐龙灭绝的年代相同。阿尔瓦雷斯对这块古老的石头分析后，发现其中含有丰富的铱。铱是天外的来客，地球上并不存在这种元素，因此阿尔瓦雷斯提出了小行星撞击地球的理论。

阿尔瓦雷斯经过计算推断，6500万年前，有一颗直径为10000米的小行星和地球发生撞击，扬起的尘埃弥漫着太空。在此后的几十年间，地球陷入了一片黑暗，植物停止了光合作用，造成植物和动物群的大量死亡，严重破坏了生态平衡，从而使恐龙走向了灭绝。

古生物学家的发现

阿尔瓦雷斯的这一理论提出不久，芝加哥大学的古生物学家戴维·芬普和约翰·塞普科斯基研究了古生物灭绝的年代，发现古生物灭绝是有周期性的，平均每2600万年发生一次。在过去的一亿年中，即9100万年前、6500万年前、3800万年前、1200万年前，都发生过大突变和大灭绝，每次突变有75%的生物绝灭。

提出伴星假说

在这个基础上，阿尔瓦雷斯的学生马勒提出了伴星假说，即太阳有一位伙伴。这位伙伴的轨道周期恰好是2600万年。伴星质量很大，当它一接近太阳系外星的彗星群时，就扰乱了彗星群的正常运行，产生彗星雨。有些彗星撞击了地球，造成地球上的灾难和生物大灭绝。

马勒的学说提出后，科学家们经过进一步研究认为：如果太阳有伴星，那么这颗伴星便是一颗密度很大的白矮星。它没有

　　热，没有光，体积很小，质量却大得惊人，它悄无声息地在太空中绕太阳运行，因而人类很难发现它的踪迹。

　　太阳有伴星只是一个假说，而太阳到底有没有伙伴，这还有待科学家们去寻找和探索。

延　伸　阅　读

　　伴星，通常指双星或聚星中较难观测到的子星。天狼星的伴星β星，是人类最早发现的白矮星。它体积很小，和地球差不多。

太阳为什么会自转

太阳自转的发现

太阳像其他天体一样也在不停地绕轴自转，这在400年前是无人知道的。最早发现太阳自转的人是意大利科学家伽利略，他在观测和记录太阳黑子时，精心仔细地研究发现黑子的位置有变化，终于得出太阳自转的结论。15世纪时，人们普遍认为，地球由于自转引起了按一定周期变化的昼与夜的交替，并且太阳系内许多其他行星也都存在着自转现象。

1853年，英国天文爱好者、年仅27岁的卡林顿开始对太阳黑

子做系统的观测。他想知道黑子在太阳面上是怎样移动的，以及太阳的自转周期究竟有多长？

经过几年的观测他发现，由于黑子在太阳表面上的纬度不同，得出来的太阳自转周期也不尽相同。

换句话说，太阳并不像固体那样自转，自转周期并不是到处都一样，而是随着太阳表面纬度的不同，自转周期有变化。这就是所谓的"较差自转"。

太阳的自转周期

太阳自转方向与地球自转方向相同。太阳赤道部分的自转速度最快，自转周期最短约为25天，纬度40度处约27天，纬度75度处约33天。太阳表面纬度17度处的太阳自转周期是25.38天。称做太阳自转的恒星周期，一般就以它作为太阳自转的平均周期。以

上提到的周期长短，都是就太阳自身来说的。

可是我们是在自转同时公转着的地球上观测黑子，相对于地球来说，所看到的太阳自转周期就不是25.38天，而是27.275天。这就是太阳自转的会合周期。

如果连续许多天观测同一群太阳黑子，就会很容易发现它每天都在太阳面上移动一点，位置一天比一天更偏西，转到了西面边缘之后就隐没不见了。

如果这群黑子的寿命相当长，那么经过10多天之后，它就会"按期"从太阳表面东边缘出现。

除了用黑子位置变化来确定太阳自转周期之外，用光谱方法也可以。太阳自转时，它的东边缘总是朝着我们来，距离在不断减小，光波波长稍有减小，反映在它光谱里的是光谱谱线都向紫的方向移动，即所谓的"紫移"；西边缘在离我们而去，这部分太阳光谱线"红移"。

黑子很少出现在太阳赤道附近和太阳表面纬度40度以上的地方，更不要说更高的纬度了，因此光谱法就成为科学家测定太阳自转的良好助手。光谱法得出的太阳自转周期是：赤道部分约为

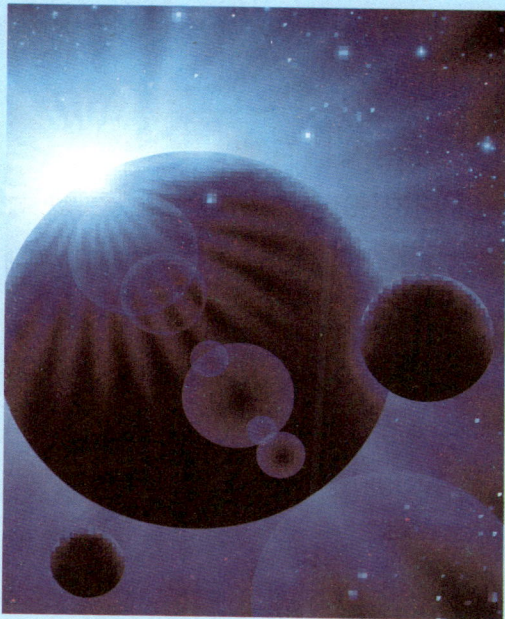

26天，极区约为37天。这比从黑子位置移动得出来的太阳自转周期要长一些，长约5％。

太阳周期有变

早在20世纪初，就有人发现太阳自转速度是有变化的，而且常有变化。1901年至1902年观测到的太阳自转周期与1903年得出的不完全一样。

不久，有人更进一步发现，即使是在短短的几天之内，太阳自转速度的变化可以达到每秒0.15千米，这几乎是太阳自转平均速度的1/4000，那是相当惊人的。

1970年，两位科学家在大量观测实践的基础上，得出了一个几乎有点让人不知所措的结论。通过精确的观测，他们发现太阳自转速度每天都在变化，这种变化既不是越转越快，周期越来越短，也不是越转越慢，周期越来越长，而似乎是在一个可能达到的极大速度与另一个可能达到的极小速度之间，来回变动着。

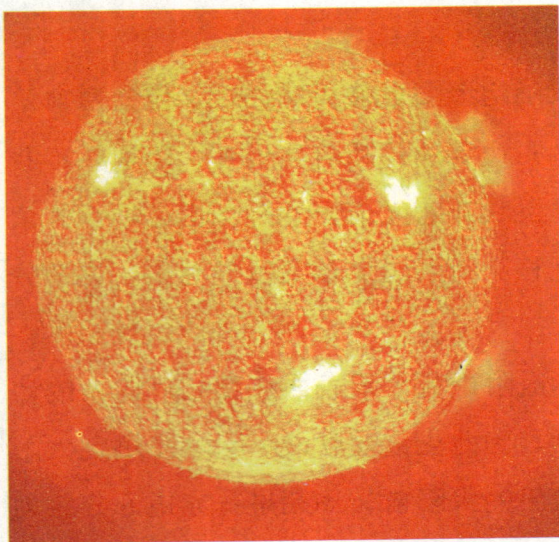

太阳自转速度为什么随时间而变化？有什么规律？又意味着什么？现在都还说不清楚，只能说是些有待研究和解决的谜。空间技术的发展，使得科学家们有可能着手观测和研究太阳外层大气的自转情况，主要是色球和日冕的自转情况。

在日冕低纬度地区，色球和日冕的自转速度和我们肉眼看到的太阳表面层——光球来是基本一致。在高纬度地区，色球和日冕的自转速度明显加快，大于在它们下面的光球的自转速度。

换句话说，太阳自转速度从赤道部分的快变到两极区域的慢，这种情况在光球和大气低层比较明显，而在中层和上层变化不大。

太阳周期为何有变

这种捉摸不透的现象，自然是科学家们非常感兴趣的。他们认为产生太阳自转的各种现象的根源在其内部，即在光球以下、我们肉眼不能直接看到的太阳深处。

这是有道理的。日震就可以为我们提供太阳内部的部分情况。另外更多的是进行推测，当然这种推测并非毫无根据，而是有足够的可信程度。例如根据太阳所含的锂、铍等化学元素的多少来进行分析和推测；从赫罗图上太阳应占的位置来看，太阳是颗主序星，根据所有主序星的平均自转速度进行统计，推测。

但是这些推测结果不尽相同，甚至还针锋相对：有的学者认为太阳内部的自转速度要比表面快，而且是快得多；另一些学者则认为表面自转速度比内部快。

一些人认为：太阳自转速度随深度而变化，我们在太阳表面上测得的速度很可能还继续向内部延伸一段距离，譬如说大致相当于太阳半径的1/3，即约21万千米。只是到了比这更深的地方，太阳自转速度才显著加快。

包括地球在内，许多天体并非正圆球体，而是扁椭球体，其

赤道直径比两极方向的直径长些。用来表示天体扁平程度的"扁率"，与该天体的自转有关。地球的赤道直径约12756.3千米，极直径约12713.5千米，两者相差42.8千米，扁率为0.0034，即约1/300。

八大行星中自转得最快的两颗行星是木星和土星，它们的扁率分别是0.0637和0.102，用望远镜进行观测时，一眼就可以看出它们都显得那么扁。

美国科学家迪克的理论

太阳是个自转着的气体球，它应该有一定的扁率，20世纪60年代，美国科学家迪克正是从这样的角度提出了问题。根据迪克的理论，如果太阳内部自转速度相当快，其扁率有可能达到4.5/100000。太阳直径约139.2万千米，如此扁率意味着太阳的赤

道直径应该比极直径大60多千米，对于太阳来说，这实在是微乎其微的。可是，要想测出直径上的这种差异，异乎寻常的困难，高灵敏度的测量仪器也未必能达到所需要的精度。

为此，迪克等人做了超乎寻常的努力，进行了无与伦比的超精密测量，经过几年的努力，他得出的太阳扁率为4.51±0.34/100000，即在4.85/100000到4.17/100000之间，刚好是他所期望的数值。

1967年，迪克等人宣布自己的测量结果时所引起的轰动是可想而知的。一些人赞叹迪克等人理论的正确和观测的精密，但似乎更多的人持怀疑态度，他们有根有据地对迪克等人的观测精度表示相反意见，认为这是不可能的。

　　一些有经验的科学家重新做了论证太阳扁率的实验，配备了口径更大、更精密的仪器，采用了更严密的方法，选择了更有利的观测环境，所得到的结果是太阳扁率小于1/100000，只及迪克所要求的1/5左右。结论是：太阳内部并不像迪克等人所想象的那样快速自转。退一步说，即使太阳赤道部分略为隆起而存在一定扁率的话，扁率的大小也是现在的仪器设备所无法探测到的。

　　企图在近期内从发现太阳的扁率，来论证太阳内核的快速自转，可能性不是很大。它将被作为一个课题，长时间地反映在科学家们的工作中。不管最后结论太阳是否真是扁球状的，或者太阳确实无扁率可言，都将为科学家们建立太阳模型，特别是内部结构模型，提供非常重要的信息和依据。

　　至于为什么太阳自转得那么慢，为什么太阳各层的自转速度各不相同，一些自转速度变化的规律又怎么样，这些都还是未知数，都还有待科学家们研究探索。

延 伸 阅 读

　　太阳磁场是指分布于太阳和行星际空间的磁场。太阳磁场分大尺度结构和小尺度结构。前者主要指太阳普遍磁场和整体磁场，它们是单极性的，后者则主要集中在太阳活动区附近，并且绝大多数是双极磁场。

天狼星为何会变色

天狼星会变色吗

天狼星的亮度在天空中排行第六，所以天狼星也算是夜空中一颗比较明亮的星星了。但令人不可思议的是它的颜色，在古代的巴比伦、古希腊和古罗马的书籍里，记载的天狼星是红色的，但今天人们发现的天狼星却是一颗白色的星。天体历史学家们认为，这是由于天狼星接近地平线的缘故。接近地平线的星球，会

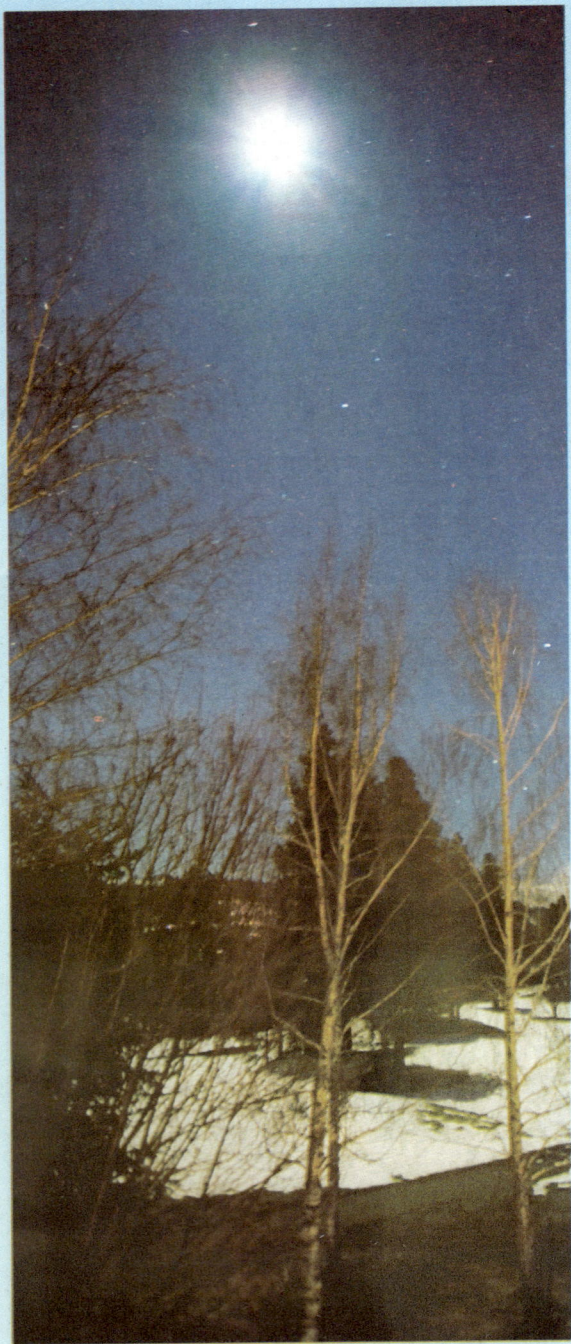

呈现红色，就像朝阳和落日一样。

天文学家的异议

德国两位天文学家斯地劳瑟和伯格曼对这种传统的说法提出了异议。他们找出公元6世纪法国历史学家格雷拉瓦·杜尔主教写给修道院的训示手稿中有关于天狼星的记载。其中谈到天狼星是红色的，并且非常明亮。

科学家托马斯·杰斐逊在1892年重新提起了红色天狼星的问题。古罗马时代著名斯多亚学派哲学家塞内卡也把天狼星描述成暗红色的，还要比火星的颜色更深。虽然如此，并非所有的古代观测者都看到红色的天狼星，如公元1世纪诗人马卡斯把它描写成天蓝。在我国古代，白色是天狼星的标准颜色，早至公元前2世纪，晚至公元后7世纪的若干记录，都记述天狼星呈现着白色的光芒。

天狼星是一颗双星

1962年，美国天文学家克拉克发现天狼星是一颗双星，主星称为天狼星A，是一颗普通的白星；伴星称为天狼星B，是一颗白矮星。天狼星的颜色由天狼星B起主导作用。

从现有的星球演变理论得知，白矮星是天体中一种变化较快

的巨星，它的前期阶段是红巨星。其后，大约需要几万年，它才变成一颗白矮星。

天狼星B的演变速度

令人惊讶的是天狼星B仅仅在2000年左右的时间里就从红巨星变成了白矮星，这在恒星演化史上却是绝无仅有的。

照这个变化速度，不久的将来，它会变成一个什么呢？不管怎样，天狼星的变色之谜和它的未来，还得靠科学家的探索才能得知。

延 伸 阅 读

天狼星根据巴耶恒星命名法的名称为大犬座α星，在我国属于二十八星宿的井宿。天狼星是冬季夜空里最亮的恒星，天狼星、南河三和参宿四对于居住在北半球的人来看，是组成冬季大三角的3个顶点。

小行星会撞击大行星吗

小行星会撞击地球吗

科学家们对几种小行星和其他行星之间的相撞问题进行了研究。目前，已知有几十颗阿莫尔、阿金和阿波罗的小行星，它们的运行轨道处在火星、地球和金星的轨道范围内。

新西兰学者统计了直径在1000米以上的这类小行星的总数，考虑到行星的运行特点，从而测定了这些小行星与大行星相撞的平均概率。其实，同其他行星相比，地球与小行星的相撞概率会

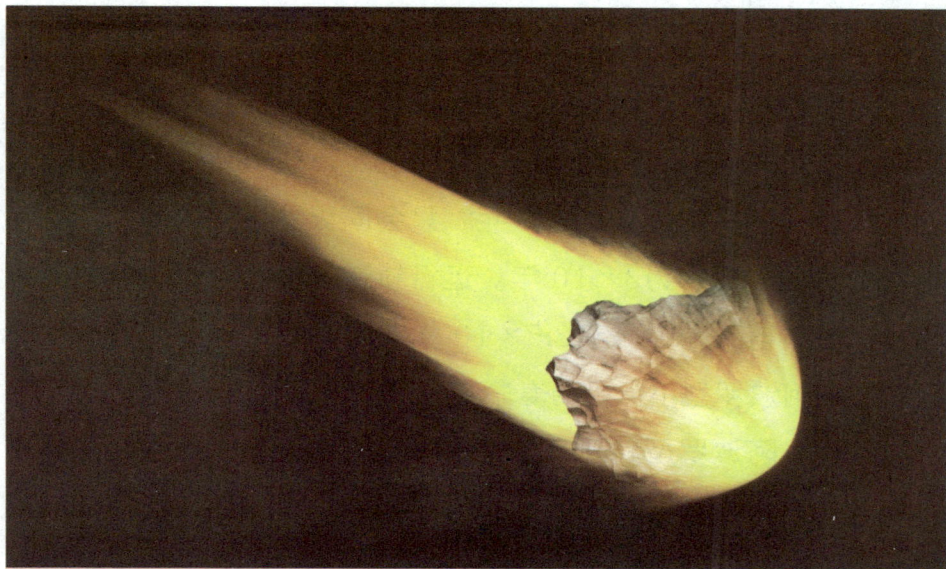

更高些，平均16万年发生一次；而金星平均30万年一次，火星平均150万年一次，水星平均500万年一次。

小行星的寿命有多长

当然，对除地球以外的行星来说，这种撞击几乎无关紧要，而对小行星来说则将了却自己的一生。运行轨道处在太阳系范围内的小行星的平均寿命是多少呢？只会同火星相撞的阿摩尔型小行星的平均寿命约为$3×10^9$年。运行轨道只横穿地球轨道的阿金型小行星的寿命总共只有$2.5×10^7$年。运行轨道横穿所有类地行星轨道的阿波罗型小行星的寿命约为10^8年。

不过，阿波罗型和阿摩尔型小行星有可能与大行星相撞，还可能与处在火星与木星之间的小行星带中的小行星相撞，从而更加缩短了这些小行星的寿命。

小行星的大威胁

近地小行星究竟距地球有多近呢？20世纪30年代，近地小行星频繁造访地球。1936年2月7日，小行星阿多尼斯星在距地球220万千米的地方掠过地球。1937年10月30日，赫米斯星更是让人惊叹，它跑到地球身旁的70万千米处。

天文学家认为，这些小行星在运行中遭遇什么不幸，如受地心引力作用等有可能会撞上地球。

也有天文学家认为，尽管有些小行星轨道并不与地球轨道完全重合，有一定的倾角，但由于小行星在大行星的摄动下，其轨道会和地球轨道相交，与地球相撞也就并非耸人听闻。

恐龙灭绝碰撞说

小行星碰撞说认为，大约在6500万年前，一颗直径为千米左

右的小行星与地球相撞，猛烈的碰撞卷起了大量的尘埃，使地球大气中充满了灰尘，并聚集成尘埃云。厚厚的尘埃云笼罩了整个地球上空，挡住了阳光，使地球成为暗无天日的世界，这种情况持续了几十年。

缺少了阳光，植物赖以生存的光合作用被破坏了，大批的植物相继枯萎而死，身躯庞大的食草恐龙根本无法适应这种突发事件引起的生活环境的变异，只有在饥饿的折磨下绝望地倒下。以食草恐龙为食源的食肉恐龙也相继死去。

1991年，美国科学家用放射性同位素方法测得墨西哥湾尤卡坦半岛的大陨石坑直径约为180千米，陨石年龄约为6505.18万年。从发现的地表陨石坑来看，每百万年有可能发生3次直径为500米的小行星撞击地球的事件。更大的小行星撞击地球的概率就更小。

碰撞后的大灾难

恐龙在地球上消失了，同时灭亡的还有翼龙、蛇须龙、鱼龙等爬行动物，以及菊石、箭石等海洋无脊椎动物。

中生代末，地球上有动植物2868属，至新生代初仅剩1502属。大部分物种都灭绝了，这是真正的生物界的大毁灭。不仅如此，地动山摇的灾变对地质海洋和气候也都有着难以估量的影响。

碰撞后的地质变动

地壳受到小行星猛烈冲击后，地壳构造的均衡性被破坏。当这种平衡被破坏后，地球必须重新调整，即一系列的造山运动和

构造运动开始了。印度板块和亚欧板块碰撞挤压，形成了亚洲最高山，这就是地理上有名的喜马拉雅运动。

碰撞后气候变迁

气候格局的变动，使得生物分布也改变了，从而造就了一些生命力更强的哺乳类和鸟类。可见，环境的恶化对生物进化是一种催化剂，它虽然是恐龙时代的结束，却是高等动物出现的前奏。

我们的地球是从渐变和灾变演化过来的，但古生物和古地质在短时间发生的巨变现象，用渐变很难解释，沧海桑田，生物灭绝等翻天覆地的变化对地球而言，就是灾变。

宇宙天体碰撞学说

地球历史中所发生的重大事件都与碰撞密切相关，这些事件的爆发造成了地球环境的灾变，从而导致生物的大规模绝灭。这

种绝灭又为生物进一步进化铺平了道路，一些生命消失了，另一些生命诞生了，也进化了。

星系间为什么会大碰撞，这是个复杂的论题，要涉及质量、速度、能量、磁场、核变、力学等方面的理论，也许还有我们人类现在尚未有认识到的知识。

简单地说，碰撞后的宇宙，有能量逃逸阶段和能量聚集阶段的两个时期。发生碰撞后，对本碰撞群体来讲，主要是能量逃逸阶段，碰撞前及碰撞时聚集的强大能量，使碰撞单元发生大爆炸，能量开始大量散发和逃逸。

由于相互力的作用，尘埃（包括碰撞时产生的小天体等）物质大量开始向中心部位聚集；有的天体挣脱了碰撞核心的约束，逃向浩瀚苍穹；有的天体被约束到了碰撞核心系统的空间，并逐

渐获取了大量的质量物质。两星系的碰撞会打破周边星系力的平衡，因而很可能会导致更大空间的碰撞，乃至整个宇宙，这就是我们说的宇宙大碰撞。碰撞后产生的新生星系，根据碰撞速度和规模可能会生成多个星系。

延 伸 阅 读

　　阿莫尔型小行星是近地小行星的子类之一，该分类以小行星1221的名字"阿莫尔"来命名。这些小行星的近日点均在地球轨道以外，不会威胁到地球。

黑洞是宇宙掠夺者吗

黑洞是什么

黑洞很容易让人望文生义地想象成一个"大黑窟窿"，其实不然。所谓"黑洞"，就是这样一种天体：它的引力场是如此之强，就连光也不能逃脱出来。

黑洞不让其边界以内的任何事物被外界看见，这就是这种物

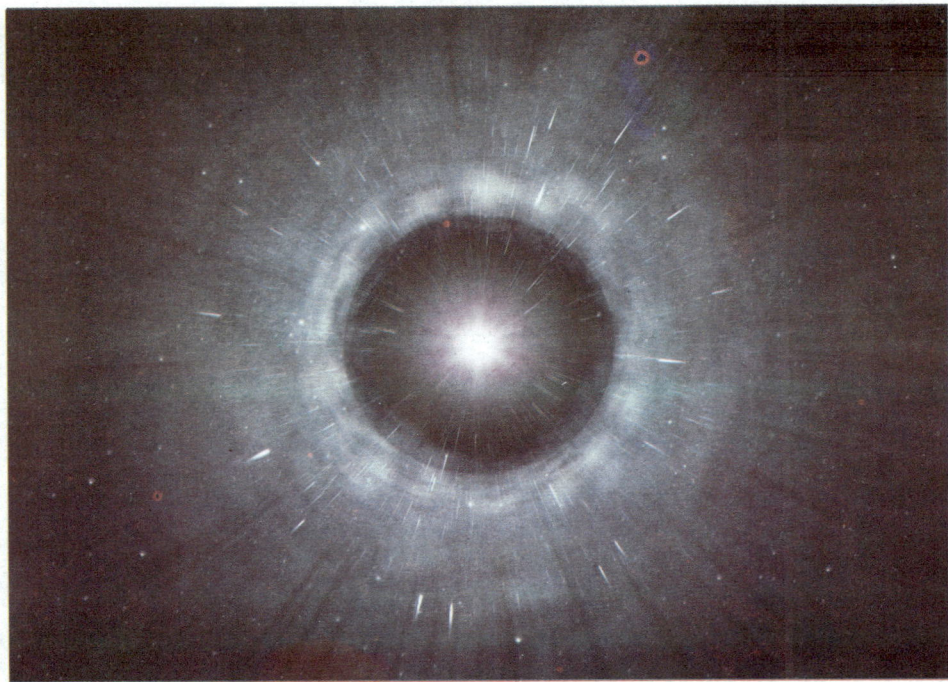

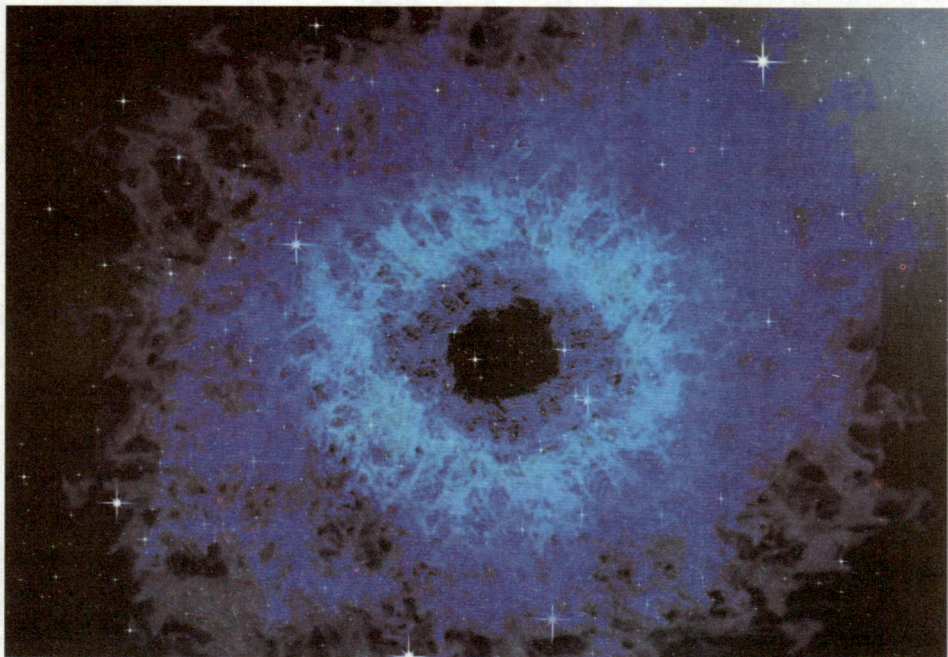

体被称为黑洞的缘故。我们无法通过光的反射来观察它，只能通过受其影响的周围物体来间接了解黑洞。虽然这么说，但黑洞还是有它的边界，即"事件视界"。据猜测，黑洞是死亡恒星的剩余物，是在特殊的大质量超巨星坍塌收缩时产生的。另外，黑洞必须是一颗质量大于钱德拉塞卡极限的恒星演化到末期而形成的，质量小于钱德拉塞卡极限的恒星是无法形成黑洞的。

　　黑洞其实也是个星球，只不过它的密度非常大，靠近它的物体都被它的引力所约束，不管用多大的速度都无法脱离。对于地球来说，以第二宇宙速度每秒11.2千米飞行就可以逃离地球。但是对于黑洞来说，它的第二宇宙速度之大竟然超越了光速，所以连光都跑不出来，于是射进去的光没有反射回来，我们的眼睛就看不到任何东西，只是黑色一片。

黑洞的形成

根据广义相对论，引力场将使时空弯曲。当恒星的体积很大时，它的引力场对时空几乎没什么影响，从恒星表面上某一点发的光可以朝任何方向沿直线射出。而恒星的半径越小，它对周围的时空弯曲作用就越大，朝某些角度发出的光就将沿弯曲空间返回恒星表面。等恒星的半径小到一特定值，天文学上叫"史瓦西半径"时，就连垂直表面发射的光都被捕获了。到这时，恒星就变成了黑洞。说它"黑"，是指它就像宇宙中的无底洞，任何物质一旦掉进去，"似乎"就再也不能逃出。实际上黑洞真正是"隐形"的。

那么，黑洞是怎样形成的呢？其实，跟白矮星和中子星一样，黑洞很可能也是由恒星演化而来的。

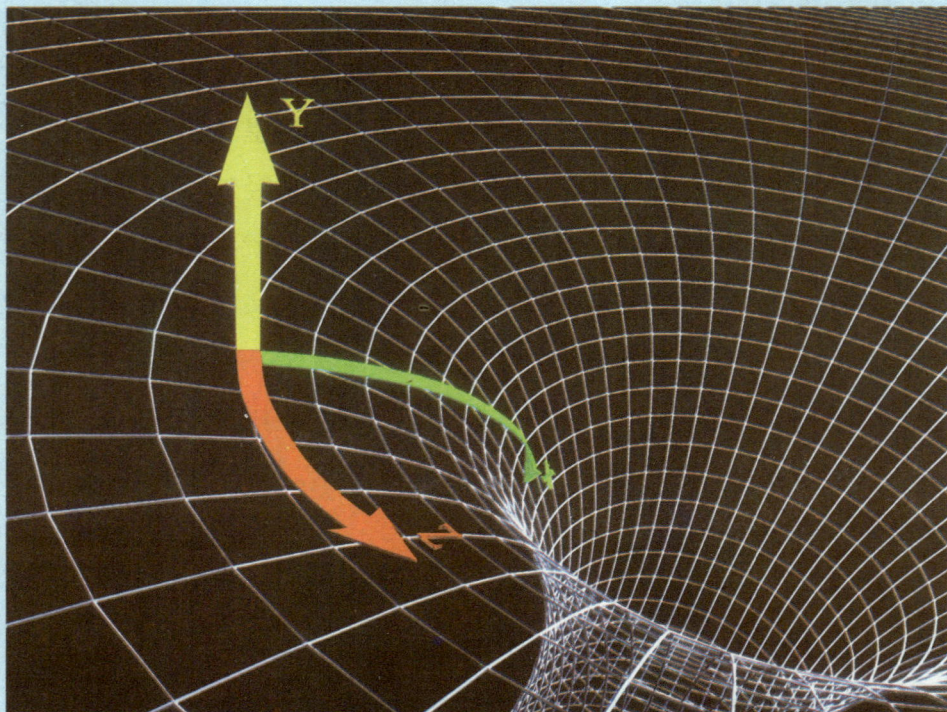

　　当一颗恒星衰老时，它的热核反应已经耗尽了中心的燃料——氢，由中心产生的能量已经不多了。这样，它再也没有足够的力量来承担起外壳巨大的重量。所以在外壳的重压之下，核心开始坍缩，直至最后形成体积小、密度大的星体，重新有能力与压力平衡。

　　质量小一些的恒星主要演化成白矮星，质量比较大的恒星则有可能形成中子星。而根据科学家的计算，中子星的总质量不能大于3倍太阳的质量。如果超过了这个值，那么将再没有什么力能与自身重力相抗衡了，从而引发另一次大坍缩。

　　根据科学家的猜想，物质将不可阻挡地向着中心点进军，直至成为一个体积趋于零、密度趋向无限大的"点"。而当它的半径一旦收缩到一定程度，正像我们上面介绍的那样，巨大的引力就使得即使是光也无法向外射出，从而切断了恒星与外界的一切联系——黑洞诞生了。

黑洞的本领

与别的天体相比，黑洞显得太特殊了。例如，黑洞有"隐身术"，人们无法直接观察到它，连科学家也仅仅是对它内部结构提出各种猜想。那么，黑洞是怎么把自己隐藏起来的呢？答案就是——弯曲的空间。我们都知道，光是沿直线传播的。这是一个最基本的常识。可是根据广义相对论，空间会在引力场的作用下弯曲。这时候，光虽然仍沿任意两点间的最短距离传播，但走的已经不是直线，而是曲线。形象地讲，好像光本来是要走直线的，只不过强大的引力把它拉得偏离了原来的方向。

在地球上，由于引力场作用很小，这种弯曲是微乎其微的。而在黑洞周围，空间的这种变形非常大。这样，即使是被黑洞挡

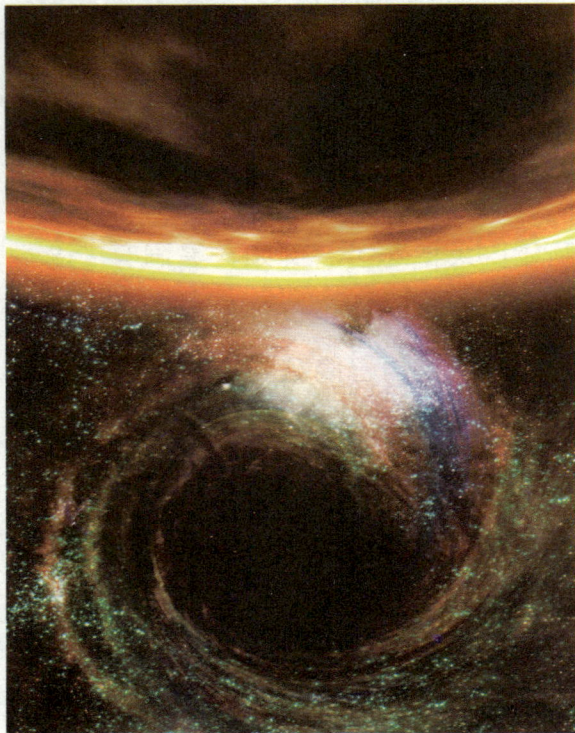

着的恒星发出的光，虽然有一部分会落入黑洞中消失，可另一部分光线会通过弯曲的空间中绕过黑洞而到达地球。所以，我们可以毫不费力地观察到黑洞背面的星空，就像黑洞不存在一样，这就是黑洞的"隐身术"。

更有趣的是，有些恒星不仅是朝着地球发出的光能直接到达地球，它朝其他方向发射的光也可能被附近的黑洞的强引力折射而能到达地球。这样我们不仅能看见这颗恒星的"脸"，还同时看到它的侧面甚至后背。

对黑洞的研究

黑洞无疑是20世纪最具有挑战性，也最让人激动的天文学说之一。许多科学家正在为揭开它的神秘面纱而辛勤工作着，新的理论也不断地被提出。根据爱因斯坦的能量与质量守恒定律。当物体失去能量时，同时也会失去质量。黑洞同样遵从能量与质量守恒定律，当黑洞失去能量时，黑洞也就不存在了。英国物理学家史迪芬·霍金预言，黑洞消失的一瞬间会产生剧烈的爆炸，释放出的能量相当于数百万颗氢弹的能量。

黑洞会发出耀眼的光芒，体积会缩小，甚至会爆炸。霍金于1974年做此理论时，整个科学界为之震动。黑洞曾被认为是宇宙最终的沉淀所：没有什么可以逃出黑洞，它们吞噬了气体和星体，质量增大，因而黑洞的体积只会增大。

霍金的理论是受灵感支配的思维的飞跃，结合了广义相对论和量子理论。他发现黑洞周围的引力场释放出能量，同时也在消耗黑洞的能量和质量。当黑洞的质量越来越小时，它的温度会越来越高。

这样，当黑洞损失质量时，它的温度和发射率增大，因而它的质量损失得更快。这种"霍金辐射"对大多数黑洞来说可以忽略不计，而小黑洞则以极高的速度辐射能量，直至黑洞的爆炸。

黑洞的毁灭

所有的黑洞都会蒸发，只不过大的黑洞沸腾得较慢，它们的辐射非常微弱，因此令人难以觉察。但是随着黑洞逐渐变小，这个过程会加速，以至最终失控。黑洞萎缩时，引力也会变陡，产生更多的逃逸粒子，从黑洞中掠夺的能量和质量也就越多。黑洞萎缩得越来越快，促使蒸发的速度变得越来越快，周围的光环变得更亮、更热，当温度达到10摄氏度至15摄氏度时，黑洞就会在爆炸中毁灭。

如果将宇宙比作一个无边无际的浴盆，那么黑洞就是这个超级浴盆的下水道。它那巨大无比的引力形成了一个极强的旋涡，任何靠近它的物质都会被吸进去。黑洞犹如一个神秘的监狱，它将所有的东西牢牢囚禁在里面，甚至连光线也无法逃脱。黑洞就

像一个永远吃不饱的魔鬼，它不断地吞噬物质，将它们压碎，自己则慢慢地长大。

实际上，将宇宙比作一个浴盆是很恰当的。对于一个微小物体来讲，水管是一个房间的浴盆通向其他房间浴盆的唯一通道。而黑洞则是我们的宇宙与理论上可能存在的无数其他宇宙间联系的唯一路径。任何物理定律在黑洞中都全部失效，质量也非物质化。黑洞的边缘是个有去无回的界限，物质在被吸入时会发射出极强的X射线，如同临终前发出的绝望哀叹。也正是这绝望哀叹才使我们"看见"黑洞。

"黑洞"这个词是20世纪才出现的。美国物理学家约翰·惠勒为了形象地描述这种神奇的天体，于1967年创造了这个颇具神秘色彩的术语。惠勒把黑洞比作《艾丽丝漫游奇境记》中的坏女人，她只在临死前露出一丝微笑。

"引力微笑"是恒星坍缩成黑洞或被另一个黑洞吞没时的唯

一迹象。正是在"引力微笑"的指引下，我们得以在神奇的宇宙中去发现黑洞这个贪婪的掠夺者。黑洞为我们解答许多科学难题提供了线索，引导我们在没有边界、超越了时空概念的宇宙空间遨游。

延 伸 阅 读

一个来自以色列特拉维夫大学的天文学家小组发现，宇宙中最大质量黑洞的首次快速成长期出现在宇宙年龄约为12亿年时，并非之前认为的20亿至40亿年。天文学家们估计宇宙目前的年龄约为137亿年。同时，这项研究还发现宇宙中最古老、质量最大的黑洞同样呈现非常快速的成长态势。